JN131558

測量士補
試験問題集

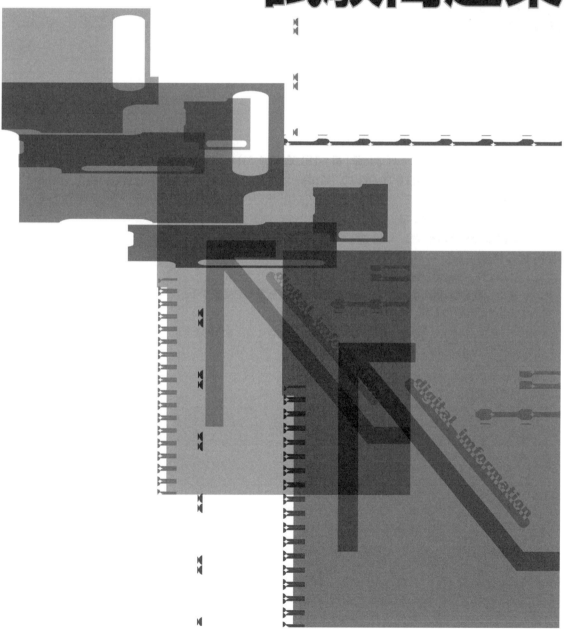

実教出版

測量士補試験・受験ガイダンス

受験資格

年齢・性別・学歴・実務経験などに関係なく受験できる。

試験日

例年5月中〜下旬の日曜日

受験地

北海道・宮城県・秋田県・東京都・新潟県・富山県・愛知県・
大阪府・島根県・広島県・香川県・福岡県・鹿児島県・沖縄県

試験手数料

2,850円

試験方法

筆記試験（電卓使用不可）

受験手続

●提出書類

受験願書1式　　写真1枚

●受験願書受付場所

国土地理院 総務部 総務課 試験登録係

〒305-0811　茨城県つくば市北郷1番　TEL029-864-8214，8248

（問い合わせ時間：平日8:30〜12:00，13:00〜17:15）

●願書受付期間

例年1月上旬〜1月下旬

（書類に不備がある場合，返送される。受付期間内の再提出可）

合格者の発表

7月上旬〜中旬全受験者あてに結果（合否）を通知。

また、国土地理院のホームページ上に合格者の受験番号を掲載する。

※国土地理院のURL（http://www.gsi.go.jp/）

受験願書用紙等の交付場所

● 国土地理院　総務部　総務課　試験登録係
　〒305-0811　茨城県つくば市北郷1番　　　　　　　　　　　　　　　TEL 029-864-8214, 8248

● 国土地理院　北海道地方測量部
　〒060-0808　札幌市北区北8条西2-1-1　　札幌第1合同庁舎　　　　TEL 011-709-2311(内線 4510)

● 国土地理院　東北地方測量部
　〒983-0842　仙台市宮城野区五輪1-3-15　　仙台第3合同庁舎　　　TEL 022-295-8611

● 国土地理院　関東地方測量部
　〒102-0074　東京都千代田区九段南1-1-15　　九段第2合同庁舎　　TEL 03-5213-2051

● 国土地理院　北陸地方測量部
　〒930-0856　富山市牛島新町11-7　　富山合同庁舎　　　　　　　　TEL 076-441-0888

● 国土地理院　中部地方測量部
　〒460-0001　名古屋市中区三の丸2-5-1　　名古屋合同庁舎第2号館　TEL 052-961-5638

● 国土地理院　近畿地方測量部
　〒540-0008　大阪市中央区大手前4-1-76　　大阪合同庁舎第4号館　TEL 06-6941-4507

● 国土地理院　中国地方測量部
　〒730-0012　広島市中区上八丁堀6-30　　広島合同庁舎2号館　　　TEL 082-221-9743

● 国土地理院　四国地方測量部
　〒760-0068　高松市松島町1-17-33　　高松第2地方合同庁舎　　　TEL 087-861-9013

● 国土地理院　九州地方測量部
　〒812-0013　福岡市博多区博多駅東2-11-1　福岡合同庁舎　　　　　TEL 092-411-7881

● 国土地理院　沖縄支所
　〒900-0022　那覇市樋川1-15-15　　那覇第1地方合同庁舎　　　　TEL 098-855-2595

※上記の他に，各都道府県の土木関係部局の主務課（直接交付のみ），（公社）日本測量協会及び各地方支部でも入手が可能です。

はじめに

　21世紀に入り，GNSS測量（GPS測量を含む）の普及とともに，各種測量器機もディジタル化が進んで作業も容易になり，より高精度の測量が可能になってきました。

　このような状況の中で，国土交通省は，毎年，公共測量に従事するための測量士および測量士補資格試験を実施しており，本書はそのうち測量士補の資格取得を目指している人のための問題集です。

　測量士補試験は，出題範囲も広く，また，出題内容も多岐にわたっており，これらすべてを詳細に学習して試験に臨むことは，不可能に近いように思われます。

　本問題集の編集にあたって，過去に出題された問題を徹底的に精査・分析し，必要最小限の知識で合格へと導くことが，本書の最大の特徴です。

　また，下記の事項を柱として執筆にあたりましたので，受験生の皆さんもこのことを確実に把握し，学習の指針にしてほしいと思います。

第1部　問題編について

● 本書は，受験生が学習しやすいように，分野別に序章を含め全体を14の章に分けて構成しました。
● 本書に収録されている問題は，いずれも出題頻度の高いものであり，これらを年度の新しい問題を中心に編集しました。
● 各章のはじめには，●傾向と対策として，出題傾向と学習すべきポイントをわかりやすく示しました。

第2部　解説編について

● 問題の理解度が深められるよう，また，独学でもマスターできるよう，ていねいに詳しく問題の解説を行いました。
● 各問題ごとに付随して覚えておくべき必要事項については，関連事項や補足事項として併記しました。
● 一口アドバイスでは，測量士補試験問題の特徴，ならびに学習方法等をワンポイントとして掲載しました。

　測量士補試験のために多くの問題集は必要ありません。本書一冊で十分ですので，本書を繰り返し繰り返し何度も学習され，受験生のみなさんが見事合格の栄冠を手にされることをお祈りします。

目　次

第 一 部

問 題 編

○測量法に規定された基本的な事項，および公共測量における現地作業に関する出題が中心であるので，確実に理解しておこう。

1 測量法に関する問題

次の1～7の文は，測量法（昭和24年法律第188号）に規定された事項について述べたものである。ア～コに入る語句を下記より選びなさい。

1．「測量」とは，土地の測量をいい，　ア　および　イ　を含むものとする。

2．「基本測量」とは，すべての測量の基礎となる測量で，　ウ　の行うものをいう。

3．「測量計画機関」は，公共測量を実施しようとするときは，あらかじめ，次に掲げる事項を記載した　エ　を提出して，国土地理院の長の技術的助言を求めなければならない。その　エ　を変更しようとするときも，同様とする。
　i）目的，地域および期間
　ii）精度および方法

4．「測量作業機関」とは，　オ　の指示または委託を受けて測量作業を実施する者をいう。

5．基本測量以外の測量を実施しようとする者は，　カ　の承認を得て，基本測量の測量標を使用することができる。

6．基本測量の測量成果を使用して基本測量以外の測量を実施しようとする者は，国土交通省令で定めるところにより，あらかじめ，　キ　の承認を得なければならない。

7．技術者として基本測量または公共測量に従事する者は，第49条の規定にしたがい登録された　ク　または　ケ　でなければならない。
　　　ク　は，測量に関する　コ　を作製し，または実施する。　ケ　は　ク　の作製した　コ　にしたがい測量に従事する。

ア	イ	ウ	エ	オ
地図の調製	水域の測量	国土交通省	計画書	測量計画機関
地図の複製	測量用写真の撮影	国土地理院	登録申請書	元請負人

カ	キ	ク	ケ	コ
都道府県知事	国土地理院の長	測量士補	測量士補	作業規程
国土地理院の長	都道府県知事	測量士	測量士	計画

（平21～30年の問題を集約，類；令5・4・2・元年）

2　公共測量における作業

次の文は，公共測量における作業について述べたものである。明らかに間違っているものはどれか。次の中から選べ。

1．平面位置は，平面直角座標系（平成 14 年国土交通省告示第 9 号）に規定する世界測地系に従う直角座標により表示した。

2．永久標識を設置した際，成果表は作成したが，業務効率のため点の記は作成しなかった。

3．GNSS 衛星の配置情報を事前に確認し，衛星配置が片寄った時間帯での観測を避けた。

4．空中写真の撮影を行うため，基準点から偏心距離及び偏心角を測定し，対空標識を設置した。

5．現地調査の予察を，空中写真，参考資料等を用いて，調査事項，調査範囲，作業量等を把握するために行った。

（平 24 年）

3　公共測量における現地作業

次の文は，公共測量における現地での作業について述べたものである。明らかに間違っているものはどれか。次の中から選べ。

1．空中写真測量における数値地形図データ作成の現地調査において，調査事項の接合は現地調査期間中に行い，整理の際に点検を行った。

2．山頂に埋設してある測量標の調査を行ったが，標石を発見できなかったため，掘り起こした土を埋め戻し，周囲を清掃した。

3．基準点測量において，周囲を柵で囲まれた土地に在る三角点を使用するため，作業開始前にその占有者に土地の立入りを通知した。

4．基準点測量において，既知点の現況調査を効率的に行うため，山頂に設置されている既知点については，その調査を観測時に行った。

5．局地的な大雨による増水事故が増えていることから，気象情報に注意しながら作業を進めた。

（平 23 年）

4　公共測量における現地作業

次の文は，公共測量における測量作業機関の現地での作業について述べたものである。明らかに間違っているものはどれか。次の中から選べ。

1．A 県が発注する基準点測量において，A 県が設置した基準点を使用する際に，当該測量標の使用承認申請を行わず作業を実施した。

2．B 村が発注する空中写真測量において，対空標識設置の作業中に樹木の伐採が必要となったので，あらかじめ支障となる樹木の所有者又は占有者の承諾を得て，当該樹木を伐採した。

3．C 市が発注する水準測量において，すべて C 市の市道上での作業となることから，道路使用許可申請を行わず作業を実施した。

4．D 市が発注する基準点測量において，D 市の公園内に新点を設置することになったが，利用者が

安全に公園を利用できるように，新点を地下埋設として設置した。

5．E町が発注する写真地図作成において，E町から貸与された図書や関係資料を利用する際に，損傷しないように注意しながら作業を実施した。

（平 22 年，類；平 25 年）

5　公共測量における現地作業

次の文は，公共測量における現地での作業について述べたものである。明らかに間違っているものはどれか。次の中から選べ。

1．道路上で水準測量を実施するときに，交通量が少なく交通の妨害となるおそれはないと思われたが，あらかじめ所轄警察署長に道路使用許可申請書を提出し，許可を受けて水準測量を行った。

2．基準点の設置完了後に，使用しなかった材料を撤去するとともに，作業区域の清掃を行った。

3．測量計画機関から個人が特定できる情報を記載した資料を貸与されたことから，紛失しないよう厳重な管理体制の下で作業を行った。

4．地形図作成のために設置した対空標識は，空中写真の撮影完了後，作業地周辺の住民や周辺環境に影響がないため，そのまま残しておいた。

5．地形測量の現地調査で公有又は私有の土地に立ち入る必要があったので，測量計画機関が発行する身分を示す証明書を携帯した。

（平 21 年，類；平 29・27・26 年）

第1章 距離測量

●傾向と対策

距離測量の出題傾向

距離測量は，実際の測量現場においても，トータルステーション（T.S）や GNSS を用いた測量が主体になってきている。

したがって，今後も光波測距儀や GNSS（特に GNSS 測量は，21 世紀の測量の骨格をなすものと思われる）を中心とした問題の頻度が，よりいっそう高くなってくるように考えられる。

距離測量の対策

1．GNSS の性質，特徴，取扱上の留意点，および光波測距儀の誤差の性質について確実に理解しておくこと。

2．距離測量に関する計算問題については，光波測距の定数の求め方をしっかりと理解しておくこと。

実践問題

1　GNSS 測量の性質

次の a ～ d の文は，公共測量における GNSS 測量について述べたものである。 ア ～ オ に入る語句の組合せとして最も適当なものはどれか。次の中から選べ。

a．GNSS とは，人工衛星からの信号を用いて位置を決定する ア システムの総称である。

b．1 級基準点測量において，GNSS 観測は， イ で行う。スタティック法による観測距離が 10 km 未満の観測において，GPS 衛星のみを使用する場合は，同時に ウ の受信データを使用して基線解析を行う。

c．1 級基準点測量において，近傍に既知点がない場合は，既知点を エ のみとすることができる。

d．1 級基準点測量においては，原則として， オ により行うものとする。

	ア	イ	ウ	エ	オ
1．	衛星測位	干渉測位方式	4 衛星以上	電子基準点	結合多角方式
2．	衛星測位	干渉測位方式	4 衛星以上	公共基準点	結合多角方式
3．	GPS 連続観測	単独測位方式	4 衛星以上	電子基準点	単路線方式
4．	GPS 連続観測	干渉測位方式	3 衛星以上	公共基準点	単路線方式
5．	衛星測位	単独測位方式	3 衛星以上	電子基準点	単路線方式

（平 24 年）

2　GNSS 測量の性質

　次の文は，GNSS 測量について述べたものである。明らかに間違っているものはどれか。次の中から選べ。

1．観測点の近くに強い電波を発する物体があると，電波障害を起こし，観測精度が低下することがある。
2．電子基準点を既知点として使用する場合は，事前に電子基準点の稼働状況を確認する。
3．観測時において，すべての観測点のアンテナ高を統一する必要はない。
4．観測点では，気温や気圧の気象測定は実施しなくてもよい。
5．上空視界が十分に確保できている場合は，基線解析を実施する際に GNSS 衛星の軌道情報は必要ではない。

（平 24 年）

3　GNSS 測量の性質

　次の文は，スタティック法による GPS 測量について述べたものである。明らかに間違っているものはどれか。次の中から選べ。

1．GPS 測量では，通常，気温や気圧の気象観測は行わない。
2．GPS 測量では，短距離基線の観測には 1 周波 GPS 受信機を通常使用する。
3．GPS 測量の基線解析を実施するために，衛星の軌道情報は必要ない。
4．GPS 測量では，複数の観測点において GPS 衛星を同時に 4 個以上使用することができれば，基線解析を行うことができる。
5．GPS 測量の基線解析で用いられる観測点の高さは，楕円体高である。

（平 18 年）

4　GNSS 測量の性質

　次の文は，GPS 測量機を用いた測量における基線解析結果の評価について述べたものである。間違っているものはどれか。次の中から選べ。

1．フロート解が得られれば，観測データは良好である。
2．解析結果の数値から系統的誤差が含まれているか否かの区別はつけにくい。
3．観測データの棄却率が大きい場合は，再測する必要がある。
4．標準偏差の値が小さければ，観測データのばらつきは小さい。
5．基線ベクトルの環閉合差を見るときは，異なるセッションの値を使用する。

（平 16 年）

5 GNSS測量の性質

　次の文は，標準的な公共測量作業規程に基づく，GPS測量機を用いたスタティック法による基準点測量について述べたものである。明らかに間違っているものはどれか。次の中から選べ。

1．高圧電線が観測点の真上を通過しているため，偏心点を設置し偏心点でGPS観測を実施した。
2．GPS観測では，片寄った配置のGPS衛星を使用すると精度が低下するため，事前に衛星配置を飛来情報で確認した。
3．同一セッションで観測するときに，各観測点のGPSアンテナを一定の方向に向けて整置した。
4．同一セッションの基線解析結果は，観測点間の全ての基線で得られるため，基線解析後に平均図を作成した。
5．基線解析において，観測時にGPS測量機に設定した高度角をそのまま使用した。

（平15年）

6 GNSS測量の性質

　次の文は，GPS測量機を用いた測量の誤差について述べたものである。　ア　～　エ　に入る語句の組合せとして最も適当なものはどれか。次の中から選べ。

　GPS測量機を用いた測量における主要な誤差要因には，GPS衛星位置や時計などの誤差に加え，GPS衛星から観測点までに電波が伝搬する過程で生ずる誤差がある。そのうち，　ア　は周波数に依存するため，2周波の観測により軽減することができるが，　イ　は周波数に依存せず，2周波の観測により軽減することができないため，基線解析ソフトウェアで採用している標準値を用いて近似的に補正が行われる。　ウ　法では，このような誤差に対し，基準局の観測データから作られる補正量などを取得し，解析処理を行うことで，その軽減が図られている。

　ただし，GPS衛星から直接到達する電波以外に電波が構造物などに当たって反射したものが受信される現象である　エ　による誤差は，　ウ　法によっても補正できないので，選点に当たっては，周辺に構造物が無い場所を選ぶなどの注意が必要である。

	ア	イ	ウ	エ
1．	電離層遅延誤差	対流圏遅延誤差	ネットワーク型RTK-GPS	マルチパス
2．	電離層遅延誤差	対流圏遅延誤差	ネットワーク型RTK-GPS	サイクルスリップ
3．	電離層遅延誤差	対流圏遅延誤差	短縮スタティック	マルチパス
4．	対流圏遅延誤差	電離層遅延誤差	キネマティック	サイクルスリップ
5．	対流圏遅延誤差	電離層遅延誤差	キネマティック	マルチパス

（平23年，類；平27年）

7 GNSS 測量の誤差

次の文は，GPS 測量における各種誤差を軽減する方法について述べたものである。明らかに間違っているものはどれか。次の中から選べ。

1．GPS アンテナの向きは，特定の方向に揃えて整置する。

2．長距離基線の場合には，2 周波 GPS 受信機を使用することによって，対流圏の影響による誤差を軽減できる。

3．GPS 衛星の飛来情報を事前に確認し，衛星配置が片寄った時間帯での観測は避ける。

4．観測中は，GPS アンテナの近くで電波に影響を及ぼす機器の使用は避ける。

5．対流圏の影響による誤差や多重反射（マルチパス）の影響を軽減するため，GPS 衛星の最低高度角を設定する。

(平 18 年)

8 光波測距儀の誤差

次の a～e は，光波測距儀による距離測定に影響する誤差の原因である。このうち，測定距離に比例する誤差の原因の組合せはどれか。次の中から選べ。

　a．器械定数の誤差

　b．反射鏡定数の誤差

　c．気象要素の測定誤差

　d．位相差測定の誤差

　e．変調周波数の誤差

1．a，b

2．a，c

3．b，c

4．b，d

5．c，e

(平 19 年，類；平 28 年)

9 光波測距儀の器械定数と反射鏡定数

図 1-1 に示す比較基線場において，測点 1 に光波測距儀，測点 2 に反射鏡 A，測点 3 に反射鏡 B を設置して，測点 1 と測点 3 の間及び測点 1 と測点 2 の間の距離を測定し，表 1-1 の結果を得た。光波測距儀の器械定数及び反射鏡 A の反射鏡定数はいくらか。最も近いものの組合せを次の中から選べ。

ただし，比較基線場の各測点の標高は同一であり，器械高及び反射鏡高も全て同一，反射鏡 B の反射鏡定数は－0.030 m，測定結果は気象補正済みとし，測定誤差はないものとする。また，測点 1，2，3 は一直線上にあるものとする。比較基線場の成果表は表 1-2 のとおりである。

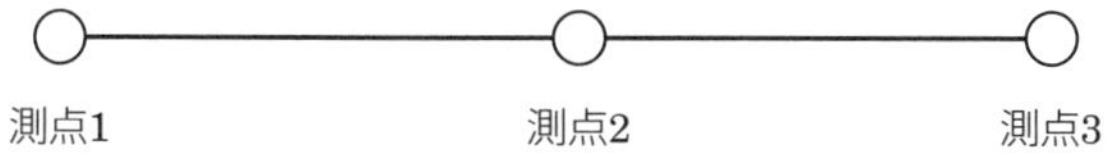

測点1　　　　　　　　　測点2　　　　　　　　　測点3

図 1-1 ────────────────────

表 1-1　測定結果 ────────────

測定区間	測定距離
測点 1〜測点 3	1,000.050 m
測点 1〜測点 2	520.023 m

表 1-2　比較基線場成果表 ────────

区　　　間	距　　　離
測点 1〜測点 3	1,000.055 m
測点 2〜測点 3	480.025 m

1．器械定数 ＝ ＋0.035 m，反射鏡 A の反射鏡定数 ＝ ＋0.042 m
2．器械定数 ＝ ＋0.035 m，反射鏡 A の反射鏡定数 ＝ −0.042 m
3．器械定数 ＝ −0.025 m，反射鏡 A の反射鏡定数 ＝ ＋0.042 m
4．器械定数 ＝ ＋0.035 m，反射鏡 A の反射鏡定数 ＝ −0.028 m
5．器械定数 ＝ −0.025 m，反射鏡 A の反射鏡定数 ＝ −0.028 m

（平 14 年，類；令元年）

第2章 角測量

●傾向と対策

角測量の出題傾向

　角測量については，特別新しい傾向の問題は見られない。したがって，本問題集に取り上げられている問題をしっかりと理解しておくこと。

角測量の対策

　セオドライト（トランシット）を用いた観測作業の注意事項，測角誤差とその消去法，方向法野帳の計算方法，新点の標高計算等について，確実に理解しておくこと。

実践問題

1 水平角観測の誤差

　次のa～eの文は，セオドライト（トランシット）を用いた水平角観測における誤差について述べたものである。望遠鏡の正（右）・反（左）の観測値を平均しても消去できない誤差の組合せとして最も適当なものはどれか。次の中から選べ。

　　a．空気密度の不均一さによる目標像のゆらぎのために生じる誤差。

　　b．セオドライトの水平軸が，鉛直線と直交していないために生じる水平軸誤差。

　　c．セオドライトの水平軸と望遠鏡の視準線が，直交していないために生じる視準軸誤差。

　　d．セオドライトの鉛直軸が，鉛直線から傾いているために生じる鉛直軸誤差。

　　e．セオドライトの水平目盛盤の中心が，鉛直軸の中心と一致していないために生じる偏心誤差。

1．a，c

2．a，d

3．a，e

4．b，d

5．b，e

（令3年，平24年，類；平29・28年）

2 トータルステーション等を用いた作業

　次の文は，公共測量におけるトータルステーション及びデータコレクタを用いた1級及び2級基準点測量の作業内容について述べたものである。明らかに間違っているものはどれか。次の中から選べ。

1．器械高及び反射鏡高は観測者が入力を行うが，観測値は自動的にデータコレクタに記録される。

2．データコレクタに記録された観測データは，速やかに他の媒体にバックアップした。

3．距離の計算は，標高を使用し，ジオイド面上で値を算出した。

4．観測は，水平角観測，鉛直角観測及び距離測定を同時に行った。

5．水平角観測の必要対回数に合わせ，取得された鉛直角観測値及び距離測定値を全て採用し，その平均値を用いた。

（平 23 年）

3　トランシット等を用いた観測方法

次の文は，標準的な公共測量作業規程に基づいて実施する 1 級及び 2 級基準点測量において，トランシット及び光波測距儀またはトータルステーションを用いる観測について述べたものである。間違っているものはどれか。次の中から選べ。

1．器械高，反射鏡高及び目標高は，cm 位まで測定する。

2．水平角観測は 1 視準 1 読定とし，望遠鏡正及び反の観測を 1 対回とする。

3．鉛直角観測は 1 視準 1 読定とし，望遠鏡正及び反の観測を 1 対回とする。

4．距離測定は 1 視準 1 読定を 1 セットとする。

5．距離測定にともなう気象（気温及び気圧）観測は，距離測定の開始直前または終了直後に行う。

（平 10 年）

4　トータルステーションを用いた方向法観測野帳

公共測量における 1 級基準点測量において，トータルステーションを用いて水平角及び鉛直角を観測し，表 2−1 及び表 2−2 の結果を得た。観測における倍角差，観測差及び高度定数の較差の組合せとして最も適当なものはどれか。次の中から選べ。

表 2−1

目盛	望遠鏡	番号	視準点 名称	視準点 測標	水平角	結果	備考
0°	r	1	303	中	0° 0′ 20″	0° 0′ 0″	
		2	(2)	中	316° 46′ 19″	316° 45′ 59″	
	ℓ	2			136° 46′ 26″	316° 45′ 58″	
		1			180° 0′ 28″	0° 0′ 0″	
90°	ℓ	1			270° 0′ 21″	0° 0′ 0″	
		2			226° 46′ 20″	316° 45′ 59″	
	r	2			46° 46′ 13″	316° 46′ 2″	
		1			90° 0′ 11″	0° 0′ 0″	

	倍角差	観測差	高度定数の較差
1.	2″	4″	2″
2.	2″	4″	4″
3.	4″	4″	2″
4.	4″	2″	2″
5.	4″	2″	4″

表2-2

望遠鏡	視準点 名称	視準点 測標	鉛直角	結果
r	303	甲	91° 47′ 48″	
ℓ			268° 12′ 16″	$\alpha = -1° \ 47′ \ 46″$
			360° 0′ 4″	
ℓ	(2)	甲	268° 4′ 20″	
r			91° 55′ 48″	$\alpha = -1° \ 55′ \ 44″$
			360° 0′ 8″	

（平 20 年，類；令 2 年）

5　トータルステーションを用いた標高計算

　新点Aの標高を求めるため，図2-1のとおり既知点Bから新点Aに対して高低角 α 及び斜距離Dの観測を行い，表2-3の結果を得た。新点Aの標高はいくらか。最も近いものを次の中から選べ。

　ただし，既知点Bの標高は 330.00 m，両差は 0.15 m とする。また，斜距離Dは気象補正，器械定数補正及び反射鏡定数補正が行われているものとする。なお，関数の数値が必要な場合は，86 ページの関数表を使用すること。

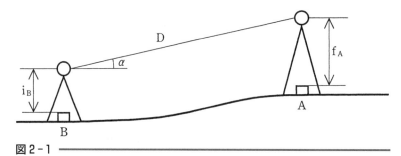

図2-1

1．457.59 m
2．460.29 m
3．460.59 m
4．461.09 m
5．461.19 m

表2-3

高低角 α	＋5° 00′ 00″
斜距離 D	1,500.00 m
既知点Bの器械高 i_B	1.50 m
新点Aの目標高 f_A	1.80 m

（平 18 年，類；令 5・2，平 28 年）

第3章 トラバース測量

●傾向と対策

トラバース測量の出題傾向および対策

　トラバース測量は出題頻度も高くなく，本章で取り上げている問題について，しっかりと理解しておくと十分のように思える。

実践問題

1　トラバース測量の性質

　次の文は，多角測量について述べたものである。間違っているものはどれか。次の中から選べ。

1．多角路線は，精度を確保するためできるだけ直線状になるようにすべきである。

2．多角路線長は，精度を確保するためできるだけ長くすべきである。

3．多角路線の各辺の長さは，精度を確保するためできるだけ等しくすべきである。

4．多角測量においては，測角と測距の精度が釣り合うよう機器や観測方法を選択すべきである。

5．単路線方式とは，両端に既知点を有し，一路線で新点を結ぶ多角測量方式である。

（平11年）

2　トラバース測量における方向角の計算

　図3-1に示すように，多角測量を実施し，表3-1のとおり，きょう角 $\beta_1 \sim \beta_4$ の観測値を得た。点Eにおける点Dの方向角はいくらか。最も近いものを次の中から選べ。

　ただし，点Cにおける点Aの方向角 T_0 は，332° 15′ 10″ とする。

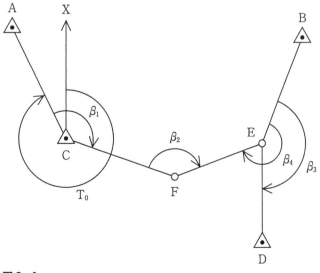

図3-1

1. $174° \ 29' \ 05''$
2. $176° \ 29' \ 05''$
3. $178° \ 41' \ 45''$
4. $180° \ 41' \ 05''$
5. $182° \ 41' \ 45''$

表3-1

きょう角	観 測 値
$\beta_1 =$	$136° \ 55' \ 15''$
$\beta_2 =$	$139° \ 23' \ 40''$
$\beta_3 =$	$155° \ 00' \ 10''$
$\beta_4 =$	$227° \ 05' \ 10''$

(平20年，類；令3，平30・25年)

3　トラバース測量における閉合比の計算

　既知点Aから既知点Bに結合する多角測量を行い，X座標の閉合差＋0.15m，Y座標の閉合差＋0.20mを得た。この測量の精度を閉合比で表すといくらか。最も近いものを次の中から選べ。ただし，路線長は 2,450.00 m とする。

1. 1/7,000
2. 1/8,900
3. 1/9,800
4. 1/20,000
5. 1/39,200

(平13年)

●**傾向と対策**

細部測量の出題傾向および対策

　細部測量については，公共測量作業規程に基づいて実施する際の正誤を問う問題が中心である。したがって，各問，それぞれ出題内容について確実に理解しておくことが大切である。

実践問題

1　細部測量の性質

　次の文は，標準的な公共測量作業規程に基づいて実施するトータルステーション（以下「TS」という）を用いた細部測量について述べたものである。間違っているものはどれか。次の中から選べ。

1．細部測量では，地形・地物を測定する場合，TS の特性を活かして放射法を用いることが多い。

2．細部測量では，建物など直線で囲まれている地物を測定する場合，かどを測定すると効率的である。

3．細部測量では，道路や河川などの曲線部分を測定する場合，曲線の始点，終点及び変曲点を測定する。

4．細部測量では，TS と目標物との視通がなくても，目標物の上空視界が確保されていればよい。

5．細部測量では，測定した地形・地物の位置を表す数値データに，その属性を表す分類コードを付与する。

（平 15 年）

2　細部測量の性質

　次の文は，標準的な公共測量作業規程に基づいて実施するトータルステーション（以下「TS」という）を用いた細部測量について述べたものである。明らかに間違っているものはどれか。次の中から選べ。

1．TS による細部測量とは，基準点または TS 点に TS を整置し，地図作成に必要な地形，地物等の測量データを取得する作業をいう。

2．TS による細部測量は，オンライン方式またはオフライン方式で行う。オフライン方式による細部測量を実施した場合，地形，地物等の数値編集後に，重要事項の確認や補備測量等の現地における作業は全く発生しない。

3．TS 点は，基準点に観測機器を整置して放射法により設置し，または TS 点に TS を整置して後方交会法により設置する。

4．TS による地形，地物等の水平位置及び標高の測定は，放射法，支距法，前方交会法等による。

5．地形は，地性線の位置及び標高値を測定し，図形編集装置によって等高線描画を行う。

（平 16 年）

3　細部測量の性質

　次の文は，トータルステーション（以下「TS」という）や，GPS測量機を用いた細部測量について述べたものである。明らかに間違っているものはどれか。次の中から選べ。

1．TSを用いた細部測量において，放射法を用いる場合は，必ず目標物までの距離を測定しなければならない。

2．TSを用いた細部測量において，目標物が直接見通せる場合には，目標物までの距離が長くなっても精度は低下しない。

3．GPS測量機を用いる場合，天候にほとんど左右されずに作業を行うことができる。

4．GPS測量機を用いる場合，既知点からの視通がなくても位置を求めることができる。

5．市街地や森林地帯における細部測量にGPS測量機を用いる場合，上空視界の確保ができず所定の精度が得られないことがある。

（平18年）

4　細部測量の性質

　次の文は，公共測量において実施する，トータルステーション又はGPS測量機を用いた細部測量について述べたものである。明らかに間違っているものはどれか。次の中から選べ。

1．トータルステーションによる，地形・地物の測定は，放射法，支距法などにより行う。

2．地形・地物などの状況により，基準点にトータルステーションを整置して細部測量を行うことが困難な場合は，TS点を設置することができる。

3．RTK-GPS観測では，霧や弱い雨にほとんど影響されずに観測を行うことができる。

4．RTK-GPS観測による，地形・地物の水平位置の測定は，基準点と観測点間の視通がなくても行うことができる。

5．ネットワーク型RTK-GPS法を用いる細部測量では，GPS衛星からの電波が途絶えても，初期化の観測をせずに作業を続けることができる。

（平22年）

第**5**章 水準測量

●傾向と対策

水準測量の出題傾向

　水準測量は，地形，写真測量と並んで出題のウエイトが大きい。また，電子レベルの登場により，公共測量に用いられる電子レベルの取り扱い，ならびに電子レベルに付随する専用標尺，データコレクタの取り扱い等に関する問題も出題されるようになってきている。

水準測量の対策

1．水準測量の誤差と，それを消去するための観測方法
2．水準測量の観測の実施方法
3．電子レベル（専用標尺・データコレクタを含む）の特徴と作業上の留意点
4．一般に杭打ち調整法と呼ばれているレベルの視準線の調整方法
5．往復観測値の較差の許容範囲に関する問題
6．標尺補正後の観測高低差，ならびに標尺の傾きによる誤差の影響

　上記1〜6について，本章の問題を通して確実に理解しておくことが大切である。

実践問題

1　水準測量の誤差

　次の文は，水準測量の誤差について述べたものである。明らかに間違っているものはどれか。次の中から選べ。

1．標尺の零点誤差は，レベルと標尺の前視，後視の距離が等しくなるように観測することで消去される。
2．鉛直軸誤差は，レベルの望遠鏡を常に特定の標尺に対向させてレベルを整準し，観測することで小さくできる。
3．傾斜地における大気の屈折による誤差（気差）は，標尺の地表面に近い部分の視準を避けて観測することで小さくできる。
4．三脚の沈下による誤差は，地盤堅固な場所にレベルを整置し，観測することで小さくできる。
5．標尺の傾きによる誤差は，前視の標尺と後視の標尺の傾きが同じならば高低差の大きさに比例する。

（平18年，類；令4・2年）

2　水準測量の性質

　次の文は，公共測量における水準測量を実施するときの留意すべき事項について述べたものである。明らかに間違っているものはどれか。次の中から選べ。

1．レベル及び標尺は，作業前及び作業期間中に適宜点検を行い，調整されたものを使用する。

2．レベルの整置回数を減らすために，視準距離は，標尺が読み取れる範囲内で，可能な限り長くする。

3．手簿に記入した読定値及び水準測量作業用電卓に入力した観測データは，訂正してはならない。

4．レベルの局所的な膨張で生じる誤差を小さくするために，日傘を使用して，レベルに直射日光を当てないようにする。

5．往復観測を行う水準測量において，水準点間の測点数が多い場合は，適宜，固定点を設け，往路及び復路の観測に共通して使用する。

（平 24 年，類；平 28・26 年）

3 水準測量の性質

次の文は，公共測量における水準測量について述べたものである。明らかに間違っているものはどれか。次の中から選べ。

1．新点の観測は，永久標識の設置後 24 時間以上経過してから行う。

2．手簿に記入した読定値及び水準測量用電卓に入力した観測データは，訂正してはならない。

3．標尺の最下部付近の視準を避けて観測すると，大気による屈折誤差を小さくできる。

4．1 級標尺は，スプリングの張力変化などにより目盛誤差が変化するため，検定を定期的に受けたものを使用する。

5．観測によって得られた高低差に含まれる誤差は，観測距離の二乗に比例する。

（平 20 年）

4 水準測量の性質

次の文は，水準測量について述べたものである。明らかに間違っているものはどれか。次の中から選べ。

1．標尺を後視，前視，前視，後視の順に読み取ることにより，三脚の沈下による誤差を小さくできる。

2．標尺の最下部付近の視準を避けて観測すると，大気による屈折誤差を小さくできる。

3．標尺補正量は，観測時の気温，標尺定数，膨張係数及び水準点の平均標高により求める。

4．楕円補正計算は，水準路線の始点及び終点の平均緯度，緯度差並びに平均標高により求める。

5．電子レベルは，標尺のバーコード目盛を読み取り，標尺の読定値と距離を自動的に測定することができる。

（平 19 年）

5 水準測量の性質

次の文は，公共測量における水準測量を実施するときの留意すべき事項について述べたものである。明らかに間違っているものはどれか。次の中から選べ。

1．新点の観測は，永久標識の設置後24時間以上経過してから行う。

2．標尺は，2本1組とし，往路の出発点に立てる標尺と，復路の出発点に立てる標尺は，同じにする。

3．1級水準測量においては，観測の開始時，終了時及び固定点到着時ごとに，気温を1℃単位で測定する。

4．水準点間のレベルの設置回数（測点数）は偶数にする。

5．視準距離は等しく，かつ，レベルはできる限り両標尺を結ぶ直線上に設置する。

(平23年，類；平30年)

6　電子レベルとバーコード標尺の性質

次の文は，電子レベルとバーコード標尺について述べたものである。正しいものはどれか。次の中から選べ。

1．バーコード標尺には，標尺覆いを着けて，日よけ傘を利用し，直射日光が当たらないようにして観測する必要がある。

2．電子レベルは，標尺の傾きをバーコードから読み取り補正することができる。

3．電子レベルの点検調整では，チルチングレベルと同様に，円形気泡管を調整する必要がある。

4．バーコード標尺の幾何模様は，規格が統一されているため，すべての電子レベルで読み取り，測定することができる。

5．電子レベルは，温度を入力することにより，読定の際に標尺補正を行った読定値を得ることができる。

(平20年，類；平29年)

7　電子レベルとバーコード標尺の性質

次の文は，電子レベル及びバーコード標尺について述べたものである。明らかに間違っているものはどれか。次の中から選べ。

1．バーコード標尺の目盛を自動で読み取って高低差を求める電子レベルが使用されるようになり，観測者による個人誤差が小さくなるとともに，作業能率が向上するようになった。

2．公共測量における1級水準測量及び2級水準測量では，円形水準器及び視準線の点検調整並びにコンペンセータの点検を観測着手前及び観測期間中おおむね10日ごとに行う必要がある。

3．バーコード標尺付属の円形水準器は，鉛直に立てたときに，円形気泡が中心に来るように点検調整をする必要がある。

4．公共測量における1級水準測量において，標尺の下方20cm以下を読定してはならない理由は，地球表面の曲率のために生ずる2点間の鉛直線の微小な差（球差）の影響を少なくするためである。

5．電子レベル内部の温度上昇を防ぐため，観測に際しては，日傘などで直射日光が当たらないようにすべきである。

(平23年)

8 杭打ち調整法

　次の文は，不等距離法（くい打ち法）によりレベルの視準線を点検する手順について述べたものである。　ア　～　ウ　に入る語句及び数値の組合せとして，適当なものはどれか。次の中から選べ。

　レベルの視準線を点検するために，図5-1のように位置A，Bにおいて観測を行い，表5-1の結果を得た。この結果から，位置Aでの観測による正しいと考えられる両標尺間の高低差と位置Bでの観測による両標尺間の高低差の差は　ア　である。この差は，レベルの視準線と気ほう管軸が平行でないために生じる誤差であるので，視準線の調整が必要である。

　そこで，位置Bにおいて，　イ　の読定値が　ウ　となるように，レベルの視準線を調整した。

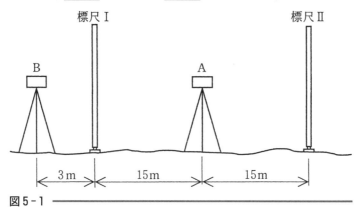

図5-1

	ア	イ	ウ
1．	0.032 m	標尺Ⅰ	1.067 m
2．	0.012 m	標尺Ⅱ	1.089 m
3．	0.044 m	標尺Ⅰ	1.146 m
4．	0.032 m	標尺Ⅱ	1.137 m
5．	0.012 m	標尺Ⅰ	1.115 m

表5-1

レベルの位置	読　定　値	
	標尺Ⅰ	標尺Ⅱ
A	1.289 m	1.245 m
B	1.134 m	1.102 m

（平18年，類；令4・元，平29・26年）

9 標尺補正後における観測高低差

　公共測量により，水準点Aから新点Bまでの間で1級水準測量を実施し，表5-2の観測値を得た。標尺補正を行った後の水準点A，新点B間の観測高低差は幾らか。最も近いものを次の中から選べ。

　観測に使用した標尺の標尺改正数は，20℃において+12μm/m，膨張係数は，1.0×10^{-6}/℃とする。

1． +13.6998 m
2． +13.6999 m
3． +13.7000 m
4． +13.7001 m
5． +13.7002 m

表5-2

区間	距離	観測高低差	温度
A→B	1.900 km	+13.7000 m	25℃

（令3年，平24年，類；令2，平30・27・25年）

10　水準路線の較差の許容範囲

　図5-2に示すように，水準点Aから固定点(1)，(2)及び(3)を経由する水準点Bまでの路線で，公共測量における1級水準測量を行い，表5-3に示す観測結果を得た。再測すべきと考えられる区間番号はどれか。次の中から選べ。

　ただし，往復観測値の較差の許容範囲は，Sをkm単位で表した片道の観測距離としたとき，2.5mm$\sqrt{S}$とする。

　なお，関数の数値が必要な場合は，86ページの関数表を使用すること。

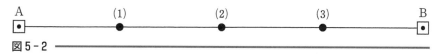

図5-2

1．①
2．②
3．③
4．④
5．再測の必要はない

表5-3

区間番号	観測区間	観測距離	往方向	復方向
①	A～(1)	500 m	＋3.2249 m	−3.2239 m
②	(1)～(2)	500 m	−5.6652 m	＋5.6655 m
③	(2)～(3)	500 m	−2.3569 m	＋2.3550 m
④	(3)～B	500 m	＋4.1023 m	−4.1034 m

（平23年，類；令5・2，平30・28・26・25年）

11　往復観測値の較差の許容範囲

　水準測量において，図5-3のように水準点Aから水準点Bまでの観測を行い，表5-4の結果を得た。往復観測値の較差の許容範囲は，観測距離Sをkm単位として2.5mm$\sqrt{S}$とすると，再測すべきと考えられる観測区間と観測方向はどれか。次の組合せの中から選べ。

　ただし，水準点Aから水準点Bまでの高低差は，−2.0000mである。

　なお，関数の数値が必要な場合は，86ページの関数表を使用すること。

観測区間

　水準点A ─①─ 固定点1 ─②─ 固定点2 ─③─ 固定点3 ─④─ 水準点B

観測方向

　（往)方向 ──────→　　　　　　　　　　　←────── （復)方向

図5-3

表5-4

観測区間		①	②	③	④
高低差	（往)方向	−1.1675 m	＋0.4721 m	＋0.2599 m	−1.5648 m
	（復)方向	＋1.1640 m	−0.4750 m	−0.2585 m	＋1.5640 m
観測距離 S		1,000 m	1,000 m	1,000 m	1,000 m

	観測区間	観測方向
1.	①	(往)方向
2.	①	(復)方向
3.	②	(往)方向
4.	①と②	(往)方向
5.	①と②	(復)方向

(平 19 年)

12 標尺の傾斜による誤差

　水準点Aから水準点Bまで水準測量を行った。図5-4は，水準点Aから測点⑵までの観測の状況を示し，表5-5は，その観測の結果を示している。その後，標尺Ⅰを点検調整したところ，標尺付属水準器の調整不良が発見された。このため，この測量において標尺Ⅰは，図5-5のように鉛直線に対して常にレベルと反対方向に一定の傾きで設置されたものと推定される。

　標尺Ⅰとして標尺付属水準器が正しく調整された標尺を用いていれば，水準点Aから測点⑵までの観測高低差はいくらになっていたと考えられるか。最も近いものを次の中から選べ。

　なお，関数の数値が必要な場合には，86ページの関数表を使用すること。

1. −2.985 m
2. −2.995 m
3. −3.000 m
4. −3.005 m
5. −3.015 m

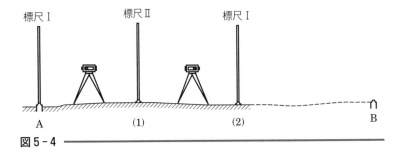

図 5-4

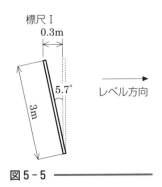

図 5-5

表 5-5

測　点	距　離	後　視	前　視
水準点A	40 m	1.000 m	2.500 m
⑴			
⑵	32 m	0.500 m	2.000 m

(平 11 年，類；令 5 年)

第6章 測量の誤差

●傾向と対策

測量の誤差の出題傾向および対策

　測量の誤差については，測定条件の異なる場合の最確値，最確値の標準偏差を求める問題が主である。したがって，今後もこの種の問題の出題傾向が続くのではないかと思われるので，確実に理解しておくこと。

実践問題

1　水平角の最確値

　基準点測量において，セオドライト（トランシット）を用いて，A方向とB方向の間の水平角を，表6-1のとおり2対回（①，②）観測した。ところが，観測誤差（倍角差，観測差）が許容範囲を超過したため，表6-2のとおり再測を2対回（③，④）実施した。これらの観測結果から，A方向とB方向の間の水平角の最確値として最も近いものはどれか。次の中から選べ。

　ただし，許容範囲は，倍角差15″，観測差8″とする。

1．59° 59′ 59″

2．60°　0′　0″

3．60°　0′　1″

4．60°　0′　2″

5．60°　0′　3″

表6-1

対回番号	目盛	望遠鏡	番号	視準点	観　測　角
①	0°	r	1	A	0°　0′　5″
			2	B	60°　0′　14″
		ℓ	2		239°　59′　49″
			1		179°　59′　55″
②	90°	ℓ	1		270°　1′　13″
			2		330°　1′　18″
		r	2		150°　0′　58″
			1		90°　0′　51″

表6-2 ━━━━━━━━━━━━━━━━━━━━━━━━━━━━

対回番号	目盛	望遠鏡	番号	視準点	観 測 角
③	0°	r	1	A	0° 0′ 55″
			2	B	60° 0′ 57″
		ℓ	2		240° 0′ 39″
			1		180° 0′ 45″
④	90°	ℓ	1		270° 0′ 30″
			2		330° 0′ 28″
		r	2		150° 0′ 43″
			1		90° 0′ 42″

(平 19 年)

2 軽重率をもつ最確値

ある2点間の距離を精密に決定するために，同一の光波測距儀を用いて3日間にわたり測定を行った。日ごとの距離測定値の平均値及び測定数は，表6-3のとおりである。2点間の距離の最確値はどれか。最も近いものを次の中から選べ。

1. 3,045.653 m
2. 3,045.669 m
3. 3,045.671 m
4. 3,045.674 m
5. 3,045.676 m

表6-3 ━━━━━━━━━━━━━━━━━━━

測定日	距離測定値の平均値(m)	測定数
1日目	3,045.678	4
2日目	3,045.684	6
3日目	3,045.660	10

(平 15 年)

3 軽重率をもつ最確値

図6-1に示すように，既知点A，B，C及びDから新点Eの標高を求めるために水準測量を実施し，表6-4に示す観測結果を得た。新点Eの標高の最確値はいくらか。最も近いものを次の中から選べ。

ただし，既知点の標高は表6-5のとおりとする。

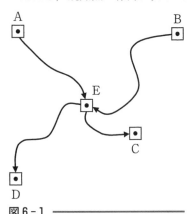

図6-1 ━━━━━━━━━━

表6-4 ━━━━━━━━━━━━━━━━━━

観測結果		
路線	観測距離	観測高低差
A → E	2 km	−2.139 m
B → E	3 km	−0.688 m
E → C	1 km	+3.069 m
E → D	2 km	−1.711 m

1．2.995 m

2．2.998 m

3．3.001 m

4．3.003 m

5．3.005 m

表6-5

既知点成果	
既知点	標高
A	5.153 m
B	3.672 m
C	6.074 m
D	1.290 m

（令3年，平23年,類；令4・元，平29・27年）

4　最確値の標準偏差

図6-2に示すように，点Aにおいて，点Bを基準方向として点C方向の水平角 θ を同じ精度で5回観測し，表6-6に示す観測結果を得た。水平角 θ の最確値に対する標準偏差はいくらか。最も近いものを次の中から選べ。

なお，関数の数値が必要な場合は，86ページの関数表を使用すること。

1．2.4″

2．3.0″

3．3.6″

4．6.0″

5．6.7″

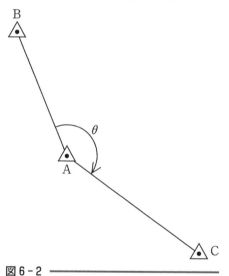

図6-2

表6-6

水平角 θ の観測結果	150° 00′ 07″
	149° 59′ 59″
	149° 59′ 56″
	150° 00′ 05″
	150° 00′ 13″

（令5年，平23年）

第7章 面積・体積

●傾向と対策

面積および体積の出題傾向

　面積および体積の出題傾向については，特別大きな変化はなく，同じような問題が繰り返し出題されている。したがって，それぞれのパターンをしっかり理解しておくと，それほど問題はないように思われる。

面積および体積の対策

1．面積においては，境界線の整形，座標法による面積計算が主体であり，これらをしっかり理解しておくこと。

2．体積については，ここしばらく出題されていないが，点高法および両端断面平均法による土量計算を理解しておくことも大切である。

実践問題

1 境界線の整形

　図7-1のような境界点A，B，Cを順に直線で結んだ境界線ABCで区割りされた甲及び乙の土地がある。甲及び乙の土地の面積を変えずに，境界線ABCを直線の境界線APに直したい。PC間の距離をいくらにすればよいか。最も近いものを次の中から選べ。

　なお，表7-1は，トータルステーションを用いて現地で角度及び距離を測定した結果である。

1．12.346m
2．14.846m
3．16.346m
4．18.846m
5．20.346m

表7-1

角度及び距離	測　定　値
∠ABC	120° 0′ 0″
∠BCP	30° 0′ 0″
境界点A，B間	20.000m
境界点B，C間	30.000m

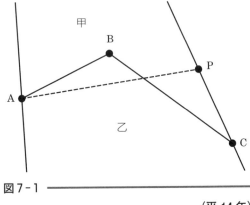

図7-1

(平14年)

2 境界線の整形

　図7-2のように直交する道路に接した五角形の土地ABCDEを，同じ面積の長方形の土地AFGEに整正したい。トータルステーションを用いて点A，B，C，D，Eを測定したところ，表7-2の結果を得た。土地AFGEに整正するには，点GのX座標値をいくらにすればよいか。最も近いものを

次の中から選べ。

ただし，表7-2は
平面直角座標系におけ
る座標値とする。

1．45.000 m

2．53.400 m

3．56.220 m

4．57.400 m

5．59.220 m

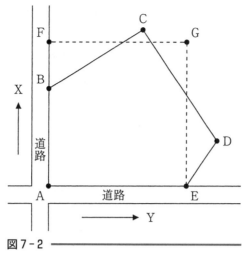

表7-2

点	X(m)	Y(m)
A	11.220	12.400
B	41.220	12.400
C	61.220	37.400
D	26.220	57.400
E	11.220	47.400

図7-2 ━━━━━━━━━━ （平20年，類；令2，平28年）

3 境界線の整形

図7-3のように道路と隣接した土地に新たに境界を引き，土地 ABCDE を同じ面積の長方形 ABGF に整正したい。近傍の基準点に基づき，境界点A，B，C，D，Eを測定して平面直角座標系に基づく座標値を求めたところ，表7-3に示す結果を得た。境界点GのY座標値はいくらか。最も近いものを次の中から選べ。

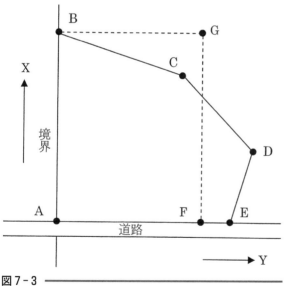

表7-3

境界点	X座標値	Y座標値
A	−11.520 m	−28.650 m
B	+35.480 m	−28.650 m
C	+26.480 m	+3.350 m
D	+6.480 m	+19.350 m
E	−11.520 m	+15.350 m

図7-3 ━━━━━━━━━━

1．+6.052 m

2．+7.052 m

3．+8.052 m

4．+9.052 m

5．+10.052 m

（平24年，類；令5・元年，平26年）

4　座標法による面積計算

　境界点 A，B，C 及び D を結ぶ直線で囲まれた四角形の土地の測量を行い，表 7-4 に示す平面直角座標系上の座標値を得た。この土地の面積はいくらか。最も近いものを次の中から選べ。

　なお，関数の数値が必要な場合は，86 ページの関数表を使用すること。

1．2,303 m²
2．2,403 m²
3．2,503 m²
4．2,603 m²
5．2,703 m²

表 7-4

境界点	X 座標(m)	Y 座標(m)
A	+25.000	+25.000
B	−40.000	+12.000
C	−28.000	−25.000
D	+5.000	−40.000

（平 23 年，類；平 30・27 年）

5　座標法による面積計算

　図 7-4 のような用地を取得するため，点 A，B，C の位置をトータルステーションを用いて測量し，表 7-5 に示す座標値を得た。点 A，B，C の座標値を用い，数値三斜法により図中の垂線長 h を求めるといくらになるか。最も近いものを次の中から選べ。

　ただし，$\sqrt{5} = 2.24$ とする。

1．13.2 m
2．13.3 m
3．13.4 m
4．13.5 m
5．13.6 m

表 7-5

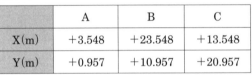

	A	B	C
X(m)	+3.548	+23.548	+13.548
Y(m)	+0.957	+10.957	+20.957

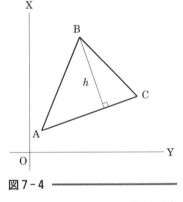

図 7-4

（平 7 年）

6　土地の面積計算

　ある三角形の土地の面積を測定するため，公共測量で設置された3級基準点から，トータルステーションを使用して測量を実施した。表7-6は，3級基準点から，三角形の頂点にあたる地点A，B，Cを測定した結果を示している。この土地の面積に最も近いものはどれか。次の中から選べ。

　なお，関数の数値が必要な場合は，86ページの関数表を使用すること。

1．290.5 m²
2．351.7 m²
3．412.6 m²
4．521.8 m²
5．637.4 m²

表7-6

地　点	方　向　角	平面距離
A	0° 00′ 00″	40.000 m
B	30° 00′ 00″	32.000 m
C	300° 00′ 00″	24.000 m

（平15年，類；令4・3，平29・25年）

7　点高法による体積計算

　水平に整置された長方形の土地ABCDにおいて水準測量を行ったところ，地盤が不等沈下していたことが判明した。水準測量を行った点の位置関係及び沈下量（m単位）は，図7-5に示すとおりである。盛土により，もとの地盤高にするには，どれだけの土量が必要か。最も近いものを次の中から選べ。

　ただし，土地の平面形の変化及び盛土による新たな沈下の発生は考えないものとする。また，土量は，図7-5に示すとおり土地ABCDを面積の等しい4個の長方形に区分して，点高法により求めるものとする。

1．361.50 m³
2．361.78 m³
3．363.50 m³
4．363.78 m³
5．365.50 m³

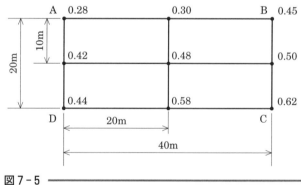

図7-5

（平9年，類；令2・平30年）

第 8 章 基準点測量

●傾向と対策

基準点測量の出題傾向

　基準点測量は，公共測量の骨格となる測量であり，距離測量や角測量をはじめとする他の分野との関連性が深く，総合的にとらえていく必要がある。したがって，本章で取り上げている問題を確実に理解しておくことが大切である。

基準点測量の対策

　基準点測量の作業方法とその順序，点検項目とその順序等をしっかりと覚えておくこと。

　また，計算問題としては，基線解析計算による座標値および距離計算，方向角を用いた座標値および閉合差の計算，基準点の偏心計算方法等を確実に理解しておくことが大切である。

実践問題

1　基準点測量の作業

　次の文は，トータルステーションとデータコレクタを用いた基準点測量について述べたものである。明らかに間違っているものはどれか。次の中から選べ。

1．観測においては，水平角観測，鉛直角観測，距離測定を同時に行うことができる。

2．距離測定においては，気温，気圧を入力すると自動的に気象補正を行うことができる。

3．データコレクタに記録された観測値は，速やかに他の媒体にバックアップを取ることが望ましい。

4．観測終了後直ちに観測値が許容範囲内にあるかどうか判断できる。

5．データコレクタに記録された観測値のうち，再測により不要となった観測値は，編集により削除することが望ましい。

（平 22 年）

2　基準点測量の作業

　次の文は，基準点測量の踏査・選点及び測量標の設置における留意点を述べたものである。明らかに間違っているものはどれか。次の中から選べ。

1．新点位置の選定に当たっては，視通，後続作業における利用しやすさなどを考慮する。

2．新点の配置は，既知点を考慮に入れた上で，配点密度が必要十分で，かつ，できるだけ均等になるようにする。

3．新点の設置位置は，できるだけ地盤の堅固な場所を選ぶ。

4．GPS 測量機を用いた測量を行う場合は，レーダーや通信局などの電波発信源となる施設付近は避ける。

5．トータルステーションを用いた測量を行う場合は，できるだけ一辺の長さを短くして，節点を多

くする。

（平 21 年）

3　基準点測量の作業

　次の文は，公共測量において実施する，GPS 測量機を用いた基準点測量について述べたものである。明らかに間違っているものはどれか。次の中から選べ。

1．複数の GPS 測量機を用いて同時に観測を行う場合は，必ず同一機種のものを使用し，アンテナ高を統一する。
2．観測距離が 10km を超える場合には，節点を設けるか，2 周波を受信することができる GPS 測量機を用いて観測を行う。
3．GPS 衛星が片寄った配置となる観測を避けるため，観測前に衛星の飛来情報を確認する。
4．GPS アンテナは，特定の方向に向けて整置する。
5．レーダーや通信局などの電波発信源がある施設付近での観測は避ける。

（平 19 年）

4　基準点測量の作業

　次の文は，公共測量における GPS 測量機を用いた 1 級及び 2 級基準点測量の作業内容について述べたものである。明らかに間違っているものはどれか。次の中から選べ。

1．作業計画の工程において，後続作業における利便性などを考慮して地形図上で新点の概略位置を決定し，平均計画図を作成した。
2．選点の工程において，現地に赴き新点を設置する予定位置の上空視界の状況確認などを行い，測量標の設置許可を得た上で新点の設置位置を確定し，選点図を作成した。さらに選点図に基づき，新点の精度などを考慮して平均図を作成した。
3．平均図に基づき，効率的な観測を行うための観測計画を立案し，観測図を作成した。観測図の作成においては，異なるセッションにおける観測値を用いて環閉合差や重複辺の較差による点検が行えるように考慮した。
4．観測準備中に，GPS 測量機のバッテリー不良が判明したため，自動車を観測点の近傍に駐車させ，自動車から電源を確保して観測を行った。
5．観測後に点検計算を行ったところ，環閉合差について許容範囲を超過したため，再測を行った。

（平 23 年，類；平 27 年）

5　基準点測量の点検計算の順序

　公共測量において，トータルステーションを用いて 1 級基準点測量を実施した。次の a 〜 d は，このときの点検計算の工程を示したものである。標準的な計算の順序として，最も適当なものはどれか。次の中から選べ。

　ただし，観測において少なくとも 1 点は，偏心点での観測があったものとする。

a．偏心補正計算

b．標高の点検計算

c．座標の点検計算

d．基準面上の距離及びX・Y平面に投影された距離の計算

1．a→c→d→b

2．a→d→c→b

3．b→c→d→a

4．b→d→a→c

5．d→c→a→b

（平21年）

6　基準点測量の作業順序

公共測量において，トータルステーションを用いて実施する基準点測量の作業順序として最も適当なものはどれか。次の中から選べ。

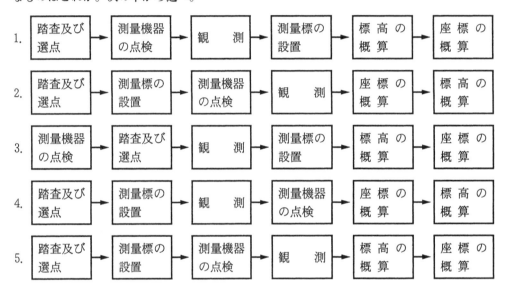

（平18年，類；令5，平29年）

7　基準点測量における基線解析計算

GPS測量機を用いた基準点測量を行い，基線解析計算により表8−1のとおり点Aから点Bまでの基線ベクトルを得た。ただし，ΔX，ΔY，ΔZはそれぞれ地心直交座標系におけるX軸，Y軸，Z軸方向の基線ベクトル成分を表す。次の文は，地心直交座標系における点Aと点Bの座標値について述べたものである。正しいものはどれか。次の中から選べ。

表8−1

点　名		基線ベクトル成分		
起　点	終　点	ΔX	ΔY	ΔZ
A	B	＋500.000 m	−500.000 m	＋500.000 m

1．点AのX座標値は点BのX座標値より小さく，点AのY座標値は点BのY座標値より小さい。

2．点AのX座標値は点BのX座標値より大きく，点AのY座標値は点BのY座標値より大きい。

3．点AのX座標値は点BのX座標値より小さく，点AのZ座標値は点BのZ座標値より小さい。

4．点AのX座標値は点BのX座標値より大きく，点AのZ座標値は点BのZ座標値より大きい。

5．点AのY座標値は点BのY座標値より小さく，点AのZ座標値は点BのZ座標値より大きい。

（平 15 年）

8 基準点測量における座標値計算

平面直角座標系において，点Pは既知点Aから方向角が 240° 00′ 00″，平面距離が 200.00 m の位置にある。既知点Aの座標値を，X ＝ ＋500.00 m，Y ＝ ＋100.00 m とする場合，点PのX座標及びY座標の値はいくらか。最も近いものを次の中から選べ。

なお，関数の数値が必要な場合は，86 ページの関数表を使用すること。

	X座標	Y座標
1．	X ＝ ＋326.79 m	Y ＝ －173.21 m
2．	X ＝ ＋326.79 m	Y ＝ 0.00 m
3．	X ＝ ＋400.00 m	Y ＝ －173.21 m
4．	X ＝ ＋400.00 m	Y ＝ － 73.21 m
5．	X ＝ ＋400.00 m	Y ＝ ＋273.21 m

（平 24 年，類；平 27 年）

9 基準点測量における距離計算

GPS 測量機を用いた基準点測量を行い，基線解析により基準点Aから基準点B，基準点Aから基準点Cまでの基線ベクトルを得た。表8−2は，地心直交座標系（平成 14 年国土交通省告示第 185 号）におけるX軸，Y軸，Z軸方向について，それぞれの基線ベクトル成分（ΔX，ΔY，ΔZ）を示したものである。基準点Bから基準点Cまでの斜距離はいくらか。最も近いものを次の中から選べ。

なお，関数の数値が必要な場合は，86 ページの関数表を使用すること。

1． 608.276 m

2． 754.983 m

3． 877.496 m

4． 984.886 m

5． 1,225.480 m

表 8−2

区　　間	基線ベクトル成分		
	ΔX	ΔY	ΔZ
A → B	＋500.000 m	－200.000 m	＋300.000 m
A → C	＋100.000 m	＋300.000 m	－300.000 m

（令 3 年，平 22 年，類；令 5・4，平 29・26・25 年）

10 基準点測量における閉合差

標準的な公共測量作業規程に基づき，トータルステーションを用いた1級基準点測量を行い，表8－3の結果を得た。方向角及び水平位置の閉合差はいくらか。最も近いものの組合せを次の中から選べ。

ただし，表中の下線を施した数値は成果表による値である。また，成果表による既知点302から303の方向角は229°07′19″，302の座標はX＝－87957.654m，Y＝－4783.616mである。

	方向角の閉合差	水平位置の閉合差
1.	－10秒	0.050m
2.	＋5秒	0.030m
3.	－5秒	0.040m
4.	＋10秒	0.040m
5.	－5秒	0.050m

表 8 - 3

観測点番号	水平角 (° ′ ″)	方向角 (° ′ ″)	距離 (m)	X (m)	Y (m)
304					
		<u>285 18 32</u>			
301	236 31 25			－86058.940	－6406.933
		161 49 57	822.802	－781.785	256.546
1	122 28 45			－86840.725	－6150.387
		104 18 42	1004.058	－248.199	972.897
2	231 17 52			－87088.924	－5177.490
		155 36 34	953.893	－868.760	393.914
302	253 30 40			－87957.684	－4783.576
		229 07 14			
303					

（平14年）

11 基準点測量における偏心点観測

　図8−1に示すように，既知点Aにおいて既知点Bを基準方向として新点C方向の水平角 T′ を観測しようとしたところ，既知点Aから既知点Bへの視通が確保できなかったため，既知点Aに偏心点Pを設けて観測を行い，表8−4の観測結果を得た。既知点B方向と新点C方向の間の水平角 T′ はいくらか。最も近いものを次の中から選べ。

　ただし，既知点A，B間の基準面上の距離は，2,000.00 m であり，S′ 及び偏心距離 e は基準面上の距離に補正されているものとする。

　なお，$\sin^{-1}(0.00059) \fallingdotseq 0.0338°$，$\sin^{-1}(0.00111) \fallingdotseq 0.0636°$，$\tan^{-1}(0.00111) \fallingdotseq 0.0636°$ とし，その他関数の数値が必要な場合は，86 ページの関数表を使用すること。

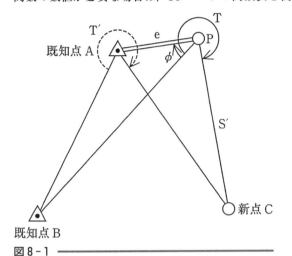

表8−4

観測結果	
S′	1,800.00 m
e	2.00 m
T	300° 00′ 00″
φ	36° 00′ 00″

図8−1

1．299° 54′ 09″

2．299° 58′ 13″

3．300° 00′ 00″

4．300° 01′ 47″

5．300° 05′ 51″

（平 21 年）

12 基準点測量における偏心点観測

　トータルステーションを用いた基準点測量において，既知点Aと新点Bの距離を測定しようとしたが，既知点Aから新点Bへの視通が確保できなかったため，新点Bの偏心点Cを設け，図8-2に示す観測を行い，表8-5の観測結果を得た。点A，B間の基準面上の距離Sはいくらか。最も近いものを次の中から選べ。

　ただし，φは偏心角，Tは零方向から既知点Aまでの水平角であり，点A，C間の距離S′及び偏心距離eは基準面上の距離に補正されているものとする。

　なお，関数の数値が必要な場合は，86ページの関数表を使用すること。

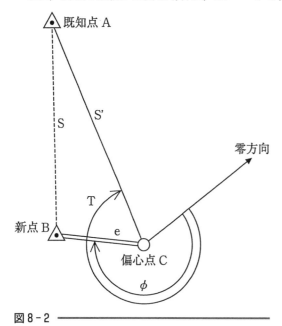

図8-2

表8-5

観測結果	
S′	900 m
e	100 m
T	314° 00′ 00″
φ	254° 00′ 00″

1．815 m

2．834 m

3．854 m

4．880 m

5．954 m

（平22年）

　図8-3の既知点Bにおいて，既知点Aを基準に水平角を測定し新点Cの方向角を求めようとしたが，既知点Bから既知点Aへの視通が確保できなかったので，既知点Aに偏心点Pを設けて観測を行い，表8-6の結果を得た。既知点Aと新点Cの間の水平角Tの値はいくらか，最も近いものを次の中から選べ。

　ただし，ϕ，e，T′，Sの値は表8-6のとおりとし，1ラジアンは，$2'' \times 10^5$とする。

　なお，関数の数値が必要な場合は，86ページの関数表を使用すること。

1．82° 50′ 15″
2．82° 50′ 30″
3．83° 05′ 15″
4．83° 05′ 30″
5．83° 20′ 15″

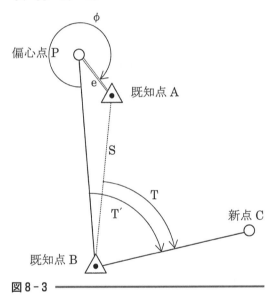

図8-3

表8-6

既知点 A	既知点 B
$\phi=330°\ 00′\ 00″$	T′=83° 20′ 30″
e＝9.00 m	
S＝1,000.00 m	

（平24年，類；令4，平26年）

●傾向と対策

地形測量の出題傾向と対策

　地形測量は，地形図作成の骨格となる分野であり，その出題内容も多岐にわたっている。したがっ
て，本章で取り上げている問題について，何度も繰り返し学習しながら，一問ずつ着実に理解してい
くことが必要である。

実践問題

1　地球の形状と地球上の位置

　次の文は，標高，楕円体高及びジオイド高の関係について述べたものである。　ア　～　エ　に入
る語句の組合せとして最も適当なものはどれか。次の中から選べ。

　　ア　とは，　イ　を陸地内部まで延長したと仮定したときにできる仮想的な面のことをいう。
図 9-1 に示すとおり，標高は　ア　を基準として測定される。

　　ア　は，周囲の地形や地球内部構造の不均質等によって凹凸があるので，測量の基準面として，
地球の形状に近似した回転楕円体を採用する。その回転楕円体は，地理学的経緯度の測定に関する国
際的な決定に基づいたもので，これを準拠楕円体という。このとき，準拠楕円体から　ア　までの高
さを　ウ　といい，準拠楕円体から地表までの高さを　エ　という。GNSS 測量で求められる高さ
は，　エ　である。

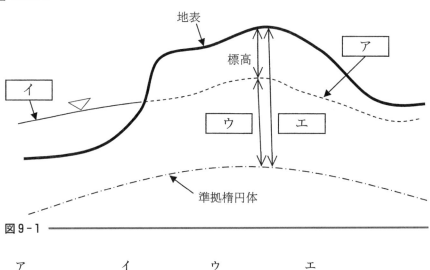

図 9-1

	ア	イ	ウ	エ
1.	ジオイド	平均海面	ジオイド高	楕円体高
2.	ジオイド	最低水面	ジオイド高	楕円体高
3.	等ポテンシャル面	平均海面	楕円体高	ジオイド高

4．ジオイド　　　　　　　平均海面　　　　楕円体高　　　　ジオイド高

5．等ポテンシャル面　　　最低水面　　　　楕円体高　　　　ジオイド高

（平24年）

2　地球の形状と地球上の位置

　次の文は，地球の形状と地球上の位置について述べたものである。明らかに間違っているものはどれか。次の中から選べ。

1．楕円体高と標高から，ジオイド高を計算することができる。

2．ジオイド面は，重力の方向に平行であり，地球楕円体面に対して凹凸がある。

3．地球上の位置は，地球の形に近似した回転楕円体の表面上における地理学的経緯度及び平均海面からの高さで表すことができる。

4．地心直交座標系の座標値から，当該座標の地点における緯度，経度及び楕円体高が計算できる。

5．測量法に規定する世界測地系では，地心直交座標系としてITRF94系に準拠し，回転楕円体としてGRS80を採用している。

（平23年，類；令5・2・元年，平30・29・28・27・26・25年）

3　地球上の位置の表示法

　次の文は，測量を行う上での位置の表示について述べたものである。　ア　～　オ　に入る語句の組合せとして最も適当なものはどれか。次の中から選べ。

　測量法では，基本測量及び公共測量については，位置を　ア　及び平均海面からの高さで表示するが，場合によっては　イ　などで表示することができるとされている。GPS測量機による測量では，　イ　による基線ベクトル，座標値を求めることができる。　イ　は　ウ　の成分で表され，計算によって緯度，経度，　エ　に換算できる。　エ　から標高を求めるためには，別に測量して求められた，準拠楕円体から　オ　までの高さが必要である。

	ア	イ	ウ	エ	オ
1．	地理学的経緯度	地心直交座標	X，Y，Zの3つ	楕円体高	地表
2．	地理学的経緯度	平面直角座標	X，Yの2つ	ジオイド高	ジオイド
3．	地心経緯度	平面直角座標	X，Y，Zの3つ	楕円体高	地表
4．	地理学的経緯度	地心直交座標	X，Y，Zの3つ	楕円体高	ジオイド
5．	地心経緯度	平面直角座標	X，Yの2つ	ジオイド高	地表

（平21年，類；令4年）

4　地図の投影法

　次の文は，我が国で一般的に用いられている地図の投影法について述べたものである。明らかに間違っているものはどれか。次の中から選べ。

1．ユニバーサル横メルカトル図法（UTM図法）を用いた地形図の図郭は，ほぼ直線で囲まれた不等

辺四角形である。

2．ユニバーサル横メルカトル図法（UTM 図法）は，中縮尺地図に広く適用される。

3．各平面直角座標系の原点を通る子午線上における縮尺係数は 0.9999 であり，子午線から離れるに従って縮尺係数は大きくなる。

4．平面直角座標系は，横円筒図法の一種であるガウス・クリューゲル図法を適用している。

5．平面直角座標系は，日本全国を 19 の区域に分けて定義されているが，その座標系原点はすべて赤道上にある。

（平 24 年，類；平 30・28・25 年）

5　地図の投影法

次の文は，地図投影について述べたものである。明らかに間違っているものはどれか。次の中から選べ。

1．平面上に描かれた地図において，距離（長さ），方位（角度）及び面積を同時に正しく表すことはできない。

2．投影法は，地図の目的，地域，縮尺に合った適切なものを選択する必要がある。

3．平面直角座標系（平成 14 年国土交通省告示第 9 号）において，座標系の Y 軸は，座標系原点において子午線に一致する軸とし，真北に向かう値を正とする。また，座標系の X 軸は，座標系原点において座標系の Y 軸に直交する軸とし，真東に向かう値を正とする。

4．投影法は，投影面の種類によって分類すると，方位図法，円錐図法及び円筒図法に大別される。

5．コンピュータの画面に地図を表示したり，プリンタを使って紙に地図を出力する場合も，投影法について考慮する必要がある。

（平 23 年）

6　地図の投影法

次の文は，地図の投影について述べたものである。明らかに間違っているものはどれか。次の中から選べ。

1．投影法は，投影面の種類によって分類すると，方位図法，円錐図法及び円筒図法に大別される。

2．平面上に描かれた地図において，距離（長さ），角度（方位）及び面積を同時に正しく表すことはできない。

3．同一の図法により描かれた地図において，正距図法と正角図法，又は正距図法と正積図法の性質を同時に満たすことは可能である。

4．ユニバーサル横メルカトル図法（UTM 図法）と平面直角座標系で用いる投影法は，ともに横円筒図法の一種であるガウス・クリューゲル図法である。

5．正距図法では，地球上の任意の 2 点間の距離を正しく表すことができる。

（平 20 年）

7 地図の種類と表現方法

次の文は，地図の種類と表現方法について述べたものである。 ア ～ オ に入る語句の組合せとして最も適当なものはどれか。次の中から選べ。

ア は，地形の状況や交通施設・建物などの地物の状況，地名・施設の名称などを イ に従って表示し， ウ に使用できるように作成された地図をいう。

エ は，特定の主題内容に重点を置いて表現した地図をいい， ア を エ の オ として用いることが多い。

特殊図は， ア や エ の分類に入らないその他の地図である。例えば，視覚障害者地図（触地図），立体地図などをいう。

イ とは，地図を表現する際の約束ごとをいい，地図で表示する記号や文字などの表現様式を規定している。

	ア	イ	ウ	エ	オ
1.	主題図	編集	多目的	一般図	編集素図
2.	主題図	図式	特定目的	一般図	基図
3.	一般図	図式	特定目的	主題図	編集素図
4.	一般図	図式	多目的	主題図	基図
5.	一般図	編集	多目的	主題図	編集素図

（平 20 年）

8 地図編集における描画順序

次の 1 ～ 5 は，国土地理院発行の 1/25,000 地形図の，真位置に編集描画すべき地物の一般的な優先順位について示したものである。最も適当なものはどれか。次の中から選べ。

優先順位（高）　　　　　　　　　優先順位（低）

1. 電子基準点→道路→一条河川→行政界→建物
2. 一条河川→電子基準点→建物→道路→行政界
3. 電子基準点→一条河川→道路→建物→行政界
4. 一条河川→電子基準点→道路→行政界→建物
5. 電子基準点→一条河川→建物→道路→行政界

（平 24 年，類；平 26 年）

9 地図編集の原則

次の文は，地図編集の原則について述べたものである。明らかに間違っているものはどれか。次の中から選べ。

1. 注記は，地図に描かれているものをわかりやすく示すため，その対象により文字の種類，書体，字列などに一定の規範を持たせる。
2. 有形線（河川，道路など）と無形線（等高線，境界など）とが近接し，どちらかを転位する場合

は無形線を転位する。

3．取捨選択は，編集図の目的を考慮して行い，重要度の高い対象物を省略することのないようにする。

4．山間部の細かい屈曲のある等高線を総合描示するときは，地形の特徴を考慮する。

5．編集の基となる地図（基図）は，新たに作成する地図（編集図）の縮尺より小さく，かつ最新のものを使用する。

（平 23 年，類；平 25 年）

10 地形測量の作業方法

次の文は，公共測量において実施する，トータルステーション（以下「TS」という）を用いた地形測量について述べたものである。明らかに間違っているものはどれか。次の中から選べ。

1．取得した数値データの編集に必要な資料は現地で作成する。

2．放射法では，目標までの距離を直接測定する。

3．細部測量で地形・地物の水平位置及び標高を測定する場合は，主として後方交会法を用いる。

4．現地調査以降に生じた地形・地物の変化については現地補測を行う。

5．地形・地物の状況により，基準点に TS を整置して作業を行うことが困難な場合，TS 点を設置することができる。

（平 20 年）

11 地形測量における現地測量

次の a～c の文は，公共測量における地形測量のうち，現地測量について述べたものである。 ア ～ ウ に入る語句の組合せとして最も適当なものはどれか。次の中から選べ。

a．現地測量とは，現地においてトータルステーションなど又は RTK-GPS 法若しくはネットワーク型 RTK-GPS 法を用いて，又は併用して地形，地物などを測定し， ア を作成する作業をいう。

b．現地測量は， イ ，簡易水準点又はこれと同等以上の精度を有する基準点に基づいて実施する。

c．現地測量により作成する ア の地図情報レベルは，原則として ウ 以下とする。

	ア	イ	ウ
1．	数値画像データ	4 級基準点	1000
2．	数値地形図データ	3 級基準点	2500
3．	数値画像データ	3 級基準点	2500
4．	数値地形図データ	3 級基準点	1000
5．	数値地形図データ	4 級基準点	1000

（平 21 年，類；令 2・平 25 年）

12 地形測量の方式

次の文は，地形測量について述べたものである。 ア ～ エ に入る語句の組合せとして最も

適当なものはどれか。次の中から選べ。

　　ア　の方法のうち，携帯型パーソナルコンピュータなどの図形処理機能を用いて，現地で図形表示しながら計測及び編集を行う方式を，オンライン方式といい，特に　イ　と電子平板を用いた方式が一般的である。これらの方法により得られたデータは，通常　ウ　形式であり，編集済データの端点の接続は，　エ　により点検することができる。

	ア	イ	ウ	エ
1．	同時調整	電子レベル	画像	電子基準点
2．	同時調整	トータルステーション	ベクタ	プログラム
3．	細部測量	電子レベル	ベクタ	電子基準点
4．	細部測量	トータルステーション	画像	電子基準点
5．	細部測量	トータルステーション	ベクタ	プログラム

(平 23 年)

13　数値標高モデルの特徴

　次の文は，数値標高モデル（DEM）の特徴について述べたものである。明らかに間違っているものはどれか。次の中から選べ。

　ただし，ここで DEM とは，等間隔の格子の代表点（格子点）の標高を表したデータとする。

1．DEM の格子点間隔が大きくなるほど詳細な地形を表現できる。

2．DEM は等高線から作成することができる。

3．DEM から二つの格子点間の視通を判断することができる。

4．DEM から二つの格子点間の傾斜角を計算することができる。

5．DEM を用いて水害による浸水範囲のシミュレーションを行うことができる。

(平 19 年)

14　数値地形モデルの特徴

　次の文は，数値地形モデル（DTM）の特徴について述べたものである。明らかに間違っているものはどれか。次の中から選べ。

　ただし，ここで DTM とは，等間隔の格子の代表点（格子点）の標高を表したデータとする。

1．DTM から地形の断面図を作成することができる。

2．DTM を用いて水害による浸水範囲のシミュレーションを行うことができる。

3．DTM の格子間隔が小さくなるほど詳細な地形を表現できる。

4．DTM は等高線データから作成することができないが，等高線データは DTM から作成することができる。

5．DTM を使って数値空中写真を正射変換し，正射投影画像を作成することができる。

(平 23 年)

15 地形測量における RTK-GPS 法

次の文は，公共測量における RTK（リアルタイムキネマティック）-GPS 法による地形測量について述べたものである。 ア ～ エ に入る語句の組合せとして最も適当なものはどれか。次の中から選べ。

RTK-GPS 法による地形測量とは，GPS 測量機を用いて地形図に表現する地形，地物の位置を現地で測定し，取得した数値データを編集することにより地形図を作成する作業である。

RTK-GPS 法による地形測量では，小電力無線機などを利用して観測データを送受信することにより， ア がリアルタイムで行えるため，現地において地形，地物の相対位置を算出することができる。

RTK-GPS 法による地形測量における観測は， イ により 1 セット行い，観測に使用する GPS 衛星は ウ 以上使用する。

この RTK-GPS 法による地形測量は， エ の工程に用いることができる。

	ア	イ	ウ	エ
1.	基線解析	放射法	5 衛星	細部測量
2.	基線解析	放射法	4 衛星	数値図化
3.	ネットワーク解析	交互法	5 衛星	細部測量
4.	基線解析	交互法	4 衛星	数値図化
5.	ネットワーク解析	放射法	4 衛星	細部測量

(平 21 年)

16 地形測量における RTK-GPS 法

次の文は，公共測量において実施する，RTK（リアルタイムキネマティック）-GPS を用いた地形測量について述べたものである。 ア ～ オ の中に入る語句の組合せとして最も適当なものはどれか。次の中から選べ。

RTK-GPS 測量では， ア の影響にもほとんど左右されずに観測を行うことができ，既知点（基準局）と測点間の イ が確保されていなくても観測は可能である。また，省電力無線機や携帯電話を利用して観測データを送受信することにより， ウ がリアルタイムに行えるため，現地において地形・地物の相対位置を算出することができる。

地形・地物の観測は，放射法により 1 セット行い，観測に使用する人工衛星数は エ 以上使用しなければならない。また，人工衛星からの電波を利用するため オ の確保が必要となる。

	ア	イ	ウ	エ	オ
1.	天候	精度	基線解析	5 衛星	通信機器
2.	天候	視通	データ入力	4 衛星	上空視界
3.	地磁気	精度	データ入力	5 衛星	通信機器
4.	地磁気	視通	基線解析	4 衛星	通信機器
5.	天候	視通	基線解析	5 衛星	上空視界

(平 20 年)

17 地形測量における RTK 法

次の文は，公共測量における RTK 法による地形測量について述べたものである。明らかに間違っているものはどれか。次の中から選べ。

1．最初に既知点と観測点間において，点検のため観測を 2 セット行い，セット間較差が許容制限内にあることを確認する。

2．地形及び地物の観測は，放射法により 2 セット行い，観測には 4 衛星以上使用しなければならない。

3．既知点と観測点間の視通が確保されていなくても観測は可能である。

4．観測は霧や弱い雨にほとんど影響されず，行うことができる。

5．小電力無線機などを利用して観測データを送受信することにより，基線解析がリアルタイムで行える。

(平 24 年)

18 コンピュータを用いた各種事象の解析

次のア〜オの事例について，コンピュータを用いた解析を行いたい。この際，等高線データや数値標高モデルなどの地形データが必要不可欠であると考えられるものの組合せはどれか。最も適当なものを次の中から選べ。

ただし，数値標高モデルとは，ある一定間隔の水平位置ごとに標高を記録したデータである。

ア．台風による堤防の決壊によって，浸水の被害を受ける範囲を予測する。

イ．日本全国を対象に，名称に「谷」及び「沢」の付く河川を選び出し，都道府県ごとに「谷」と「沢」のどちらが付いた河川が多いかを比較する。

ウ．百名山に選定されている山のうち，富士山の山頂から見ることができる山がいくつあるのかを解析する。

エ．東京駅から半径 10 km 以内の地域を対象に，10 階建て以上のマンションの分布を調べ，地価との関連を分析する。

オ．津波の避難場所に指定が予定されている学校のグラウンドについて，想定される高さの津波に対する安全性を検証する。

1．ア，オ

2．イ，エ

3．ア，ウ，オ

4．イ，ウ，エ

5．ア，ウ，エ，オ

(平 18 年)

19 数値地形図のデータ

次の文は，ラスタデータとベクタデータについて述べたものである。明らかに間違っているものはどれか。次の中から選べ。

1．ラスタデータは，ディスプレイ上で任意の倍率に拡大や縮小しても，線の太さを変えずに表示することができる。

2．ラスタデータは，一定の大きさの画素を配列して，写真や地図の画像を表すデータ形式である。

3．ラスタデータからベクタデータへ変換する場合，元のラスタデータ以上の位置精度は得られない。

4．ベクタデータは，地物をその形状に応じて，点，線，面で表現したものである。

5．道路中心線のベクタデータをネットワーク構造化することにより，道路上の2点間の経路検索が行えるようになる。

(平24年)

20 地形図上における等高線の位置

縮尺1/1,000の地形図上に，標高31.5mの点Aと標高38.0mの点Bがある。点A，B間の水平距離を91.0mとし，点A，B間の傾斜が一定であるとする場合，点A，Bを結ぶ線分上において，点Aから最も近い等高線までの図上距離はいくらか。最も近いものを次の中から選べ。

ただし，等高線は，標高0mを基準とし，1m間隔とする。

1．0.7cm

2．0.9cm

3．1.0cm

4．1.2cm

5．1.4cm

(平20年，類；令2・平30・26・25年)

21 地形図上における等高線の位置

トータルステーションを用いた縮尺1/1,000の地形図作成において，傾斜が一定な斜面上の点Aと点Bの標高を測定したところ，それぞれ72.8m，68.6mであった。また，点A，B間の水平距離は78mであった。

このとき，点A，B間を結ぶ直線とこれを横断する標高70mの等高線との交点は，地形図上で点Aから何cmの地点か。最も近いものを次の中から選べ。

1．1.3cm

2．2.6cm

3．3.9cm

4．5.2cm

5．6.5cm

(平24年，類；平29・27・25年，令元年)

図9-2は，電子国土ポータルとして国土地理院が提供している図（一部改変）である。次の文は，この図に表現されている内容について述べたものである。明らかに間違っているものはどれか。次の中から選べ。

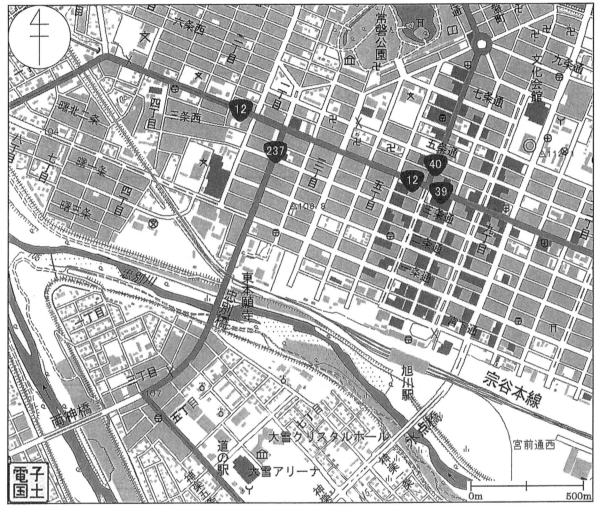

図9-2

1．両神橋と忠別橋を結ぶ道路沿いに交番がある。

2．常磐公園の東側には図書館がある。

3．旭川駅の建物記号の南西角から大雪アリーナ近くにある消防署までの水平距離は，およそ850m である。

4．図中には複数の老人ホームがある。

5．忠別川に掛かる二本の橋のうち，上流にある橋は氷点橋である。

（平24年，類；平30・29・28・25年）

23　地形図上の経緯度計算

図 9－3 は，国土地理院発行の 1/25,000 地形図の一部（縮尺を変更，一部を改変）である。この図にある交番の建物の経緯度はいくらか。最も近いものを次の中から選べ。

ただし，図 9－3 の四隅に表示した数値は，経緯度を表す。

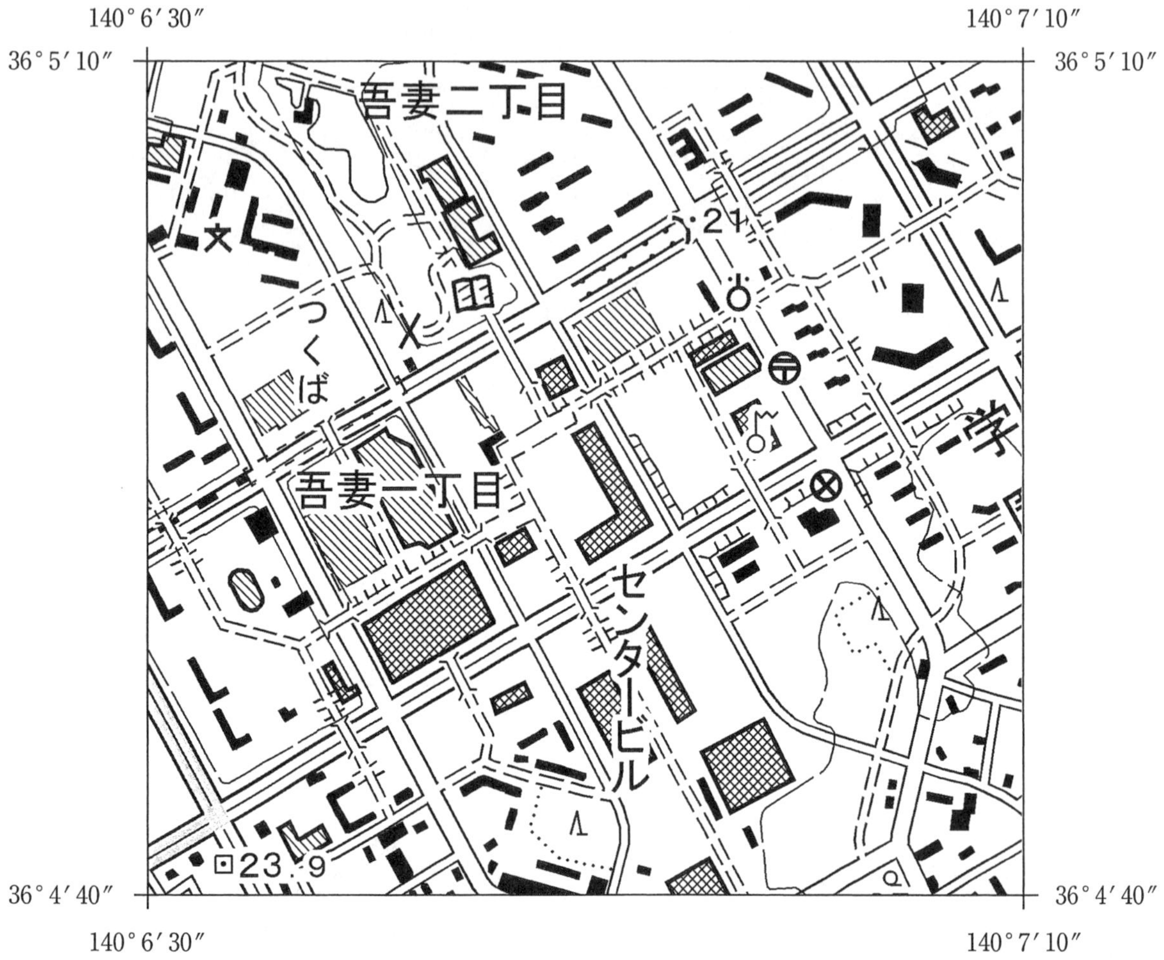

図 9－3

	緯度	経度
1．	北緯 36° 04′ 53″	東経 140° 07′ 01″
2．	北緯 36° 04′ 55″	東経 140° 07′ 01″
3．	北緯 36° 04′ 59″	東経 140° 06′ 42″
4．	北緯 36° 05′ 01″	東経 140° 06′ 57″
5．	北緯 36° 05′ 04″	東経 140° 06′ 42″

（令 3 年，平 23 年，類；令 5・4・2・元，平 27・26 年）

24　地形図の面積算定

　図9-4は，国土地理院発行の1/25,000地形図（原寸大，一部を改変）の一部である。この地形図に表示されている市役所と消防署の各建物の中心と水準点を結んだ三角形の面積はいくらか。最も近いものを次の中から選べ。

　なお，関数の数値が必要な場合は，86ページの関数表を使用すること。

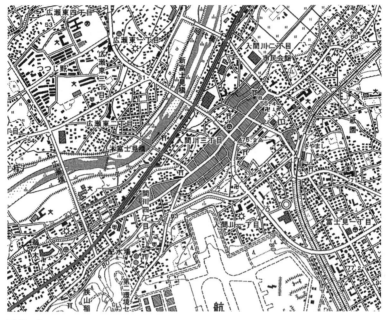

図9-4

1．0.04km^2

2．0.37km^2

3．0.61km^2

4．1.22km^2

5．1.56km^2

（平19年）

第10章

路線測量

●傾向と対策

路線測量の出題傾向

　路線測量の問題は，比較的取り組みやすい問題が多いが，最近，道路に関する数値地図データを模式的表示したものについての問題が出題されるようになってきた。新しい傾向の問題ではあるが，それほど難しい問題でもないので，本章の問題を通じてしっかりと理解しておくことが大切である。

路線測量の対策

1．路線測量の作業工程ならびに作業上の留意点

2．縦断測量における作業方法

3．単心曲線の測設法，およびこれに関連する諸量の求め方について

4．用地測量の作業順序と作業内容

5．数値地図データの模式的表示内容の把握

　上記，1～5について，確実に理解しておくことが大切である。

実践問題

1　路線測量の作業工程

　図 10-1 は，路線測量における標準的な作業工程を示したものである。 ア ～ オ に入る作業名の組合せとして最も適当なものはどれか。次の中から選べ。

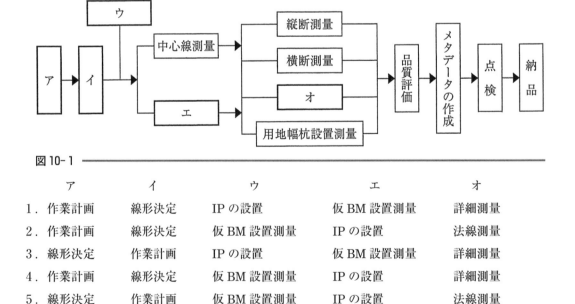

図 10-1

	ア	イ	ウ	エ	オ
1．	作業計画	線形決定	IP の設置	仮 BM 設置測量	詳細測量
2．	作業計画	線形決定	仮 BM 設置測量	IP の設置	法線測量
3．	線形決定	作業計画	IP の設置	仮 BM 設置測量	詳細測量
4．	作業計画	線形決定	仮 BM 設置測量	IP の設置	詳細測量
5．	線形決定	作業計画	仮 BM 設置測量	IP の設置	法線測量

(平 21 年，類；平 28 年)

2　路線測量の作業内容

　次の文は，公共測量における路線測量について述べたものである。明らかに間違っているものはどれか。次の中から選べ。

1．中心線測量における中心杭は，中心線上で一定の間隔に設置するほか，設計上必要な箇所にも設置する。

2．IP杭は，道路の設計・施工上重要な杭であるので，必ず打設する。

3．縦断測量及び横断測量に必要な仮BMは，原則として施工区域外に設置する。

4．横断測量は，中心杭が設置された位置ごとに行うが，設計上必要な箇所でも行う。

5．用地幅杭は，主要点及び中心点から中心線の接線に対し，直角方向に設置する。

（平20年）

3　路線測量の作業内容

　次の文は，道路を新設するために実施する公共測量における路線測量について述べたものである。明らかに間違っているものはどれか。次の中から選べ。

1．線形決定では，計算などによって求めた主要点及び中心点の座標値を用いて線形図データファイルを作成する。

2．中心線測量における中心点は，近傍の4級基準点以上の基準点，IP及び主要点に基づき，放射法などにより一定の間隔に設置する。

3．引照点杭は，重要な杭が亡失したときに容易に復元できるように設置し，必要に応じて近傍の基準点から測定し，座標値を求める。

4．縦断面図データファイルは，縦断測量の結果に基づいて作成し，図紙に出力する場合は，高さを表す縦の縮尺を線形地形図の縮尺の2倍で出力することを原則とする。

5．横断測量は，中心杭などを基準にして，中心点における中心線の接線に対して直角方向の線上にある地形の変化点及び地物について，中心点からの距離及び地盤高を測定する。

（平22年）

4　縦断測量の作業方法

　次の文は，公共測量における道路の縦断測量について述べたものである。　ア　～　オ　に入る語句の組合せとして最も適当なものはどれか。次の中から選べ。

　縦断測量とは，道路の中心線を通る鉛直面の　ア　を作成する作業である。

　　ア　の作成にあたり，役杭及び　イ　の標高と地盤高，中心線上の　ウ　の地盤高，中心線上の主要構造物の標高を測定する。

　平地における縦断測量は，仮BMまたはこれと同等以上の水準点に基づき　エ　水準測量によって行う。また，　ウ　と主要構造物については，　オ　からの距離を測定して位置を決定する。

	ア	イ	ウ	エ	オ
1.	縦断面図	引照点杭	地形変化点	3級	引照点

2．横断面図	中心杭	地形変化点	3級	中心点
3．縦断面図	中心杭	地形変化点	4級	中心点
4．縦断面図	中心杭	交会点	4級	引照点
5．横断面図	引照点杭	交会点	4級	引照点

（平18年）

5 用地測量の作業順序

　次のa～dの文は，用地取得のために行う測量について述べたものである。作業の順序として正しいものはどれか。次の中から選べ。

a．土地の取得等に係る土地について，用地測量に必要な資料等を整理及び作成する資料調査

b．現地において一筆ごとに土地の境界を確認する境界確認

c．取得用地等の面積を算出し，面積計算書を作成する面積計算

d．現地において境界点を測定し，その座標値を求める境界測量

1．a→c→d→b

2．d→b→c→a

3．b→a→d→c

4．c→a→d→b

5．a→b→d→c

（平24年）

6 用地測量の作業順序

　次のa～eの文は，公共測量における用地測量の作業内容について述べたものである。標準的な作業の順序として最も適当なものはどれか。次の中から選べ。

a．境界測量の成果に基づき，各筆などの取得用地及び残地の面積を算出し面積計算書を作成する。

b．現地において，関係権利者立会いの上，境界点を確認して杭を設置する。

c．現地において，隣接する境界点間の距離を測定し，境界点の精度を確認する。

d．現地において，近傍の4級基準点以上の基準点に基づき境界点を測定し，その座標値を求める。

e．現地において，境界杭の位置を確認し，亡失などがある場合は復元するべき位置に杭を設置する。

1．b→e→c→d→a

2．b→e→d→c→a

3．e→b→c→d→a

4．e→b→d→c→a

5．e→d→b→c→a

（平22年）

7　用地測量の作業内容

次のa～eの文は，公共測量により実施する用地測量について述べたものである。　ア　～　オ　に入る語句の組合せとして最も適当なものはどれか。次の中から選べ。

a．境界測量は，現地において境界点を測定し，その　ア　を求める。

b．境界確認は，現地において　イ　ごとに土地の境界（境界点）を確認する。

c．復元測量は，境界確認に先立ち，地積測量図などに基づき　ウ　の位置を確認し，亡失などがある場合は復元するべき位置に仮杭を設置する。

d．　エ　測量は，現地において隣接する　エ　の距離を測定し，境界点の精度を確認する。

e．面積計算は，取得用地及び残地の面積を　オ　により算出する。

	ア	イ	ウ	エ	オ
1．	座標値	一筆	境界杭	境界点間	座標法
2．	標高	街区	境界杭	基準点	座標法
3．	座標値	一筆	基準点	境界点間	三斜法
4．	座標値	街区	基準点	境界点間	座標法
5．	標高	一筆	境界杭	基準点	三斜法

(平23年)

8　数値地図データの判読

図10-2は，ある地域における道路の中心線を模式的に表したものである。この図においてP1～P10は道路の交差点を，L1～L13は道路の中心線を，S1～S4は道路の中心線で囲まれた街区面を示したものである。

また，表10-1は，道路の中心線とその始点と終点を示したものである。明らかに間違っているものはどれか。次の中から選べ。

1．道路の中心線L6の終点の交差点（表10-1の　ア　）は，P9である。

2．道路の中心線L11は，街区面S2とS3を構成する道路の中心線の一部である。

3．道路の中心線L12の始点の交差点（表10-1の　イ　）は，P5である。

4．交差点P1～P10のうち，道路の中心線が奇数本接続する交差点の数は奇数である。

5．街区面S2，S3，S4は，それぞれ4本の道路の中心線から構成されている。

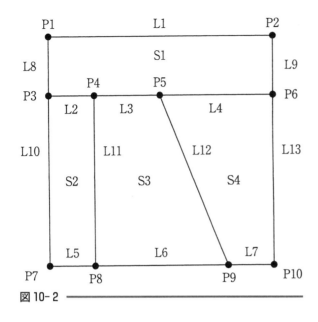

図 10-2

（平 19 年）

表 10-1

道路の中心線	始点の交差点	終点の交差点
L1	P1	P2
L2	P3	P4
L3	P4	P5
L4	P5	P6
L5	P7	P8
L6	P8	ア
L7	P9	P10
L8	P1	P3
L9	P2	P6
L10	P3	P7
L11	P4	P8
L12	イ	P9
L13	P6	P10

9 数値地図データの判読

　図 10-3 は，道路に関する数値地図データを模式的に表したものである。この数値地図データには表 10-2 の内容が含まれており，このデータを用いて任意の交差点の間の最短経路を検索する。最短経路検索の作業に必ず使用する項目の組合せとして最も適当なものはどれか。次の中から選べ。

　ただし，最短経路の検索にあたっては，単純な距離計測のみを行い，交通量や交通規制については考慮しないこととする。

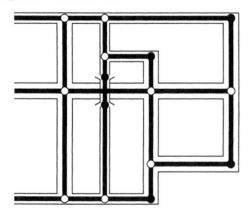

凡 例			
○ 交差点	● ノード	━ アーク	

図 10-3

表 10-2

種　別	属性情報	記号
交差点	交差点番号	ア
	名称	イ
	住所	ウ
	座標	エ
ノード	ノード番号	オ
	座標	カ
アーク	車線数	キ
	橋梁・トンネルの有無	ク
	始終点の交差点番号又はノード番号	ケ
	道路管理者	コ

1．ア，ウ，オ，カ，コ

2．ア，エ，オ，カ，ケ

3．イ，エ，オ，ク，ケ

4．イ，ウ，キ，ク，コ

5．ウ，エ，カ，キ，ク

（平 20 年）

10　数値地図データの判読

　図 10-4 は，ある地域の街区について数値化された道路中心線を模式的に示したものである。この図において，A〜F は交差点，L1〜L7 は道路中心線，S1 及び S2 は道路中心線 L1〜L7 に囲まれた街区面を表したものである。

　また，表 10-3 は，道路中心線 L1〜L7 の始点及び終点を交差点 A〜F で表したものであり，表 10-4 は，街区面 S1，S2 を構成する道路中心線 L1〜L7 とその方向を表したものである。ここで，街区面を構成する道路中心線の方向は，面の内側から見て時計回りの方向を＋，その反対の方向を−とする。

　次の文は，交差点，道路中心線及び街区面の関係について述べたものである。明らかに間違っているものはどれか。次の中から選べ。

1．交差点 A〜F のうち，道路中心線が奇数本接続する交差点の数は偶数である。

2．道路中心線 L1 の終点（表 10-3 の ｜ ア ｜）は B である。

3．S1 を構成する L2 の方向（表 10-4 の ｜ イ ｜）は＋であり，S2 を構成する L7 の方向（表 10-4 の ｜ ウ ｜）は−である。

4．街区面 S1，S2 は，それぞれ 4 本の道路中心線から構成されている。

5．道路中心線 L2 は，街区面 S1 及び S2 を構成する道路中心線である。

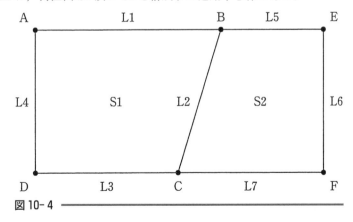

図 10-4

道路中心線	始点	終点
L1	A	ア
L2	C	B
L3	C	D
L4	D	A
L5	E	B
L6	F	E
L7	F	C

表 10-3

街区面	道路中心線	方向
	L1	＋
S1	L2	イ
	L3	＋
	L4	＋
	L2	＋
S2	L5	－
	L6	－
	L7	ウ

表 10-4

（平 21 年）

11 数値地図データの判読

図 10-5 は，ある地域の街区について数値化された道路中心線を模式的に示したものである。この図において，P1～P9 は交差点，L1～L11 は道路中心線，S1～S3 は道路中心線 L1～L11 で構成された街区面を表したものである。

また，表 10-5 は，道路中心線 L1～L11 の始点及び終点を P1～P9 で表したものであり，表 10-6 は，街区面 S1～S3 を構成する道路中心線 L1～L11 とその方向を表したものである。ここで，街区面を構成する道路中心線の方向は，面の内側から見て時計回りの方向を＋，その反対の方向を－とする。表 10-6 の ア ～ ウ に入る記号の組合せとして最も適当なものはどれか。次の中から選べ。

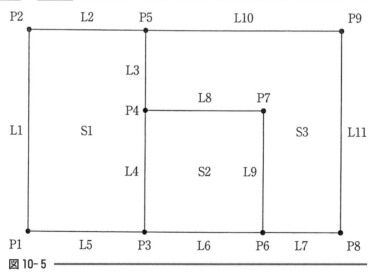

図 10-5

表 10- 5

道路中心線	始点	終点
L1	P1	P2
L2	P2	P5
L3	P4	P5
L4	P3	P4
L5	P1	P3
L6	P3	P6
L7	P8	P6
L8	P4	P7
L9	P6	P7
L10	P5	P9
L11	P8	P9

表 10- 6

街区面	道路中心線	方向
S1	L1	+
	L2	+
	L3	ア
	L4	－
	L5	－
S2	L4	+
	L6	－
	L8	+
	L9	－
S3	L3	イ
	ウ	+
	L8	－
	L9	+
	L10	+
	L11	－

	ア	イ	ウ
1．	+	－	L4
2．	－	+	L7
3．	+	－	L7
4．	－	+	L4
5．	－	－	L7

(平 22 年)

12 数値地図データの判読

　図 10- 6 は，ある地域の交差点，道路中心線及び街区面のデータについて模式的に示したものである。この図において，P1〜P7 は交差点，L1〜L9 は道路中心線，S1〜S3 は街区面を表し，既にデータ取得されている。街区面とは，道路中心線に囲まれた領域をいう。この図において，P1 と P7 間に道路中心線 L10 を新たに取得した。次の a 〜 e の文は，この後必要な作業内容について述べたものである。明らかに間違っているものだけの組合せはどれか。次の中から選べ。

a．道路中心線 L6，L10，L8 により街区面を取得する。

b．道路中心線 L8，L9，L4，L5 により街区面を取得する。

c．道路中心線 L2，L3，L9，L7 により街区面を取得する。

d．道路中心線 L1，L7，L10 により街区面を取得する。

e．道路中心線 L1，L7，L8，L6 により街区面を取得する。

1． a，b，c

2． a，c，d

3． a，d，e

4． b，c，e

5． b，d，e

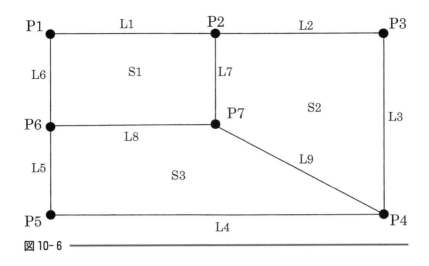

図 10-6

(平 24 年)

13 単心曲線設置に付随する諸値

　平たんな土地で，図 10-7 のように円曲線始点 BC，円曲線終点 EC からなる円曲線の道路の建設を計画している。交点 IP の位置に川が流れており杭を設置できないため，BC と IP を結ぶ接線上に補助点 A，EC と IP を結ぶ接線上に補助点 B をそれぞれ設置し観測を行ったところ，$\alpha = 112°$，$\beta = 148°$ であった。曲線半径 R = 300 m とするとき，円曲線始点 BC から円曲線の中点 SP までの弦長はいくらか。最も近いものを次の中から選べ。

　なお，関数の数値が必要な場合は，86 ページの関数表を使用すること。

1．211.3 m
2．237.8 m
3．253.6 m
4．279.8 m
5．316.5 m

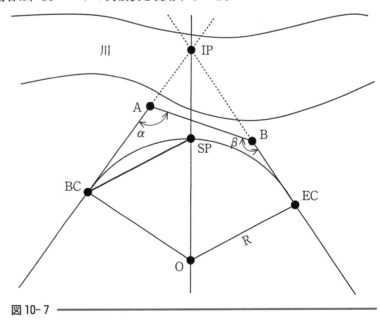

図 10-7

(平 19 年，類；平 27 年，令元年)

14 単心曲線設置に付随する諸値

　図10-8に示すように，交角64°，曲線半径400mである，始点BCから終点ECまでの円曲線からなる道路を計画したが，EC付近で歴史的に重要な古墳が発見された。このため，円曲線始点BC及び交点IPの位置は変更せずに，円曲線終点をEC2に変更したい。

　変更計画道路の交角を90°とする場合，当初計画道路の中心点Oを BC 方向にどれだけ移動すれば変更計画道路の中心 O′ となるか。最も近いものを次の中から選べ。

　なお，関数の数値が必要な場合は，86ページの関数表を使用すること。

1. 116 m
2. 150 m
3. 188 m
4. 214 m
5. 225 m

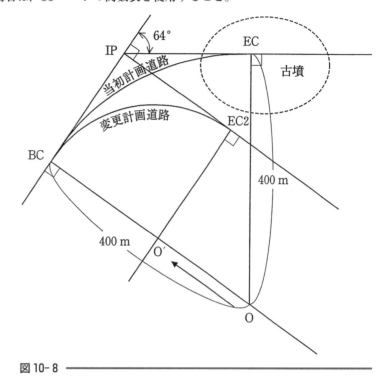

図10-8

（平21年，類；平29年）

15 単心曲線設置に付随する諸値

図10-9に示すように，曲線半径 R = 600 m，交角 α = 90° で設置されている，点Oを中心とする円曲線からなる現在の道路（以下「現道路」という）を改良し，点O′を中心とする円曲線からなる新しい道路（以下「新道路」という）を建設することとなった。

新道路の交角 β = 60° としたとき，新道路 BC～EC′ の路線長はいくらか。最も近いものを次の中から選べ。

ただし，新道路の起点 BC 及び交点 IP の位置は，現道路と変わらないものとし，円周率 π = 3.14 とする。

なお，関数の数値が必要な場合は，86 ページの関数表を使用すること。

1．1,016 m
2．1,039 m
3．1,065 m
4．1,088 m
5．1,114 m

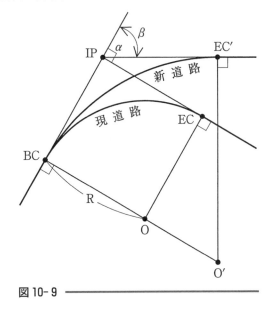

図10-9 ────────────

（令5・3年，平23年，類；平28年）

16 単心曲線設置に付随する諸値

　図 10-10 に示すように，起点を BP，終点 EP とし，始点 BC，終点 EC，曲線半径 R = 200 m，交角 I = 90° で，点 O を中心とする円曲線を含む新しい道路の建設のために，中心線測量を行い，中心杭を，起点 BP を No. 0 として，20 m ごとに設置することになった。

　このとき，BC における，交点 IP からの中心杭 No. 15 の偏角 δ はいくらか。最も近いものを次の中から選べ。

　ただし，BP～BC，EC～EP 間は直線で，IP の位置は，BP から 270 m，EP から 320 m とする。また，円周率 π = 3.14 とする。

　なお，関数の数値が必要な場合は，86 ページの関数表を使用すること。

1．19°

2．25°

3．33°

4．35°

5．57°

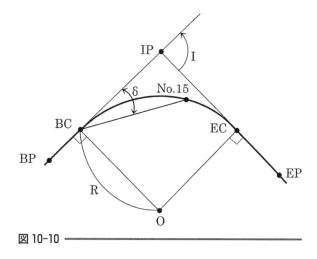

図 10-10 ─────────────────────

（平 24 年）

第11章 河川測量

●傾向と対策

河川測量の傾向

　河川測量については，特別新しい傾向の問題は出題されておらず，今後も同じような問題が繰り返し出題されていくように思われる。

河川測量の対策

1．河川測量に用いられている専門用語，および河川測量の作業方法について

2．距離標設置測量，および定期縦横断測量の作業方法について

3．流速計による平均流速の求め方，また，流量調査を行う際の標準的な方法について

　上記1〜3について，確実に理解しておくことが大切である。

実践問題

1　河川測量の作業方法

　次の文は，公共測量における河川測量について述べたものである。明らかに間違っているものはどれか。次の中から選べ。

1．河川における水準基標測量では，一部の水系を除いて，東京湾平均海面を基準面と定め，水準基標の高さを決定する。

2．定期縦断測量では，水準基標を基にして，左右両岸の距離標などの標高を測定する。

3．定期横断測量では，陸部においては横断測量を行うが，水部については深浅測量により行う。

4．深浅測量における測深位置の測定のためにワイヤーロープを用いる場合は，河川の左右岸の水際杭の間において，ワイヤーロープの沈みをおさえるように配慮して張る。

5．流量の観測は，流れの中心や河床の変化が大きい河川の湾曲部において行う。

（平 18 年）

2　河川測量の作業方法

　次の文は，公共測量における河川測量について述べたものである。明らかに間違っているものはどれか。次の中から選べ。

1．対応する両岸の距離標を結ぶ直線は，河心線の接線と直交する。

2．距離標は，努めて堤防の法面や法肩を避けて設置する。

3．水準基標の標高を定める作業は，2級水準測量で行う。

4．定期横断測量は，水際杭を境にして，陸部は横断測量，水部は深浅測量により行う。

5．深浅測量における測深位置を，GPS 測量機を用いて測定した。

（平 23 年）

3 河川測量の作業方法

次の文は，公共測量における一般的な河川測量について述べたものである。明らかに間違っている
ものはどれか。次の中から選べ。

1．河川測量は，河川のほかに湖沼や海岸等についても行う。

2．距離標の設置位置は，両岸の堤防表法肩又は表法面が標準である。

3．水準基標は，2級水準測量により行い水位標の近くに設置する。

4．定期横断測量は，陸部において堤内地の20m〜50mの範囲についても行う。

5．深浅測量は，流水部分の縦断面図を作成するために行う。

（平24年，類；令4年）

4 河川の距離標設置測量

次の文は，公共測量における河川の距離標設置測量について述べたものである。 ア 〜 エ
に入る語句の組合せとして最も適当なものはどれか。次の中から選べ。

河川における距離標設置測量は， ア の接線に対して直角方向の左岸及び右岸の堤防法肩又は法
面などに距離標を設置する作業をいう。なお，ここで左岸とは イ を見て左，右岸とは イ を
見て右の岸を指す。

距離標の設置は，あらかじめ地形図上に記入した ア に沿って，河口又は幹川への合流点に設け
た ウ から上流に向かって200mごとを標準として設置位置を選定し，その座標値に基づいて，
近傍の3級基準点などから放射法などにより行う。また，距離標の埋設は，コンクリート又は エ
の標杭を，測量計画機関名及び距離番号が記入できる長さを残して埋め込むことにより行う。

	ア	イ	ウ	エ
1．	河心線	下流から上流	終点	木
2．	河心線	上流から下流	起点	プラスチック
3．	河心線	上流から下流	終点	プラスチック
4．	堤防中心線	上流から下流	起点	プラスチック
5．	堤防中心線	下流から上流	終点	木

（平21年，類；平27年）

5 河川の定期横断測量

次の文は，公共測量における標準的な河川の定期横断測量について述べたものである。

ア 〜 オ に入る語句の組合せとして最も適当なものはどれか。次の中から選べ。

河川における定期横断測量は，定期的に河川の横断面の形状の変化を調査するもので， ア の接
線に対して直角方向の左岸及び右岸の堤防法肩又は法面に設置された イ の視通線上の地形の変
化点について， イ からの距離及び ウ を測定して行う。

その方法は， エ を境にして陸部と水部に分け，陸部については横断測量，水部について
は オ により行い，横断面図を作成する。

	ア	イ	ウ	エ	オ
1.	河心線	距離標	標高	水際杭	深浅測量
2.	河心線	基準水位標	水平位置	水位標	深浅測量
3.	河心線	距離標	標高	水際杭	縦断測量
4.	堤防裏法肩	水準基標	標高	水際杭	縦断測量
5.	堤防裏法肩	水準基標	水平位置	水位標	汀線測量

(平 19 年)

6　河川の流速計による流量調査

　次の文は，水面幅 32m の河川において，流速計による流量調査を行う標準的な方法について述べたものである。間違っているものはどれか。次の中から選べ。

1．流量観測の開始時と終了時において，水位を測定する。

2．横断線に沿って 2m 間隔で水深を 2 回測定する。

3．平均流速を求めるための流速計の位置は，通常は水面から水深の 2 割，8 割の位置に，水深が深い場合は，さらに水深の 5 割の位置に選定する。

4．横断線に沿って 4m 間隔に平均流速を計測し，（区分横断面積×平均流速）の和を流量値とする。

5．洪水時には，流速計は適さないので，浮子測法などに代える。

(平 8 年)

　表 11-1 は，ある河川の横断測量を行った結果の一部である。この横断面における左右岸の距離標の標高は 13.2m である。また，各測点間のこう配は一定である。この横断面の河床部における平均河床高の標高を m 単位で小数第 1 位まで求めたい。最も近いものを次の中から選べ。なお，河床部とは，左岸堤防表法尻から右岸堤防表法尻までの区間とする。

表 11-1　横断測量結果一覧

測点	距離(m)	左岸距離標からの比高(m)	測点の説明
1	0.0	0.0	左岸距離標上面の高さ
	0.0	− 0.2	左岸距離標地盤高
2	1.0	− 0.2	左岸堤防表法肩
3	3.0	− 4.2	左岸堤防表法尻
4	6.0	− 6.2	水面
5	9.0	− 6.7	
6	10.0	− 6.2	水面
7	13.0	− 4.2	右岸堤防表法尻
8	15.0	− 0.2	右岸堤防表法肩
9	16.0	− 0.2	右岸距離標地盤高
	16.0	0.0	右岸距離標上面の高さ

1．6.5m

2．7.0m

3．7.5m

4．8.0m

5．8.5m

（平 20 年，類；平 26 年）

8 水位標の設置にともなう仮設点の標高

　ある河川において，水位観測のための水位標を設置するため，水位標の近傍に仮設点が必要となった。図 11-1 に示すとおり，BM1，中間点1及び水位標の近傍にある仮設点Aとの間で直接水準測量を行い，表 11-2 に示す観測記録を得た。高さの基準をこの河川固有の基準面としたとき，仮設点Aの高さはいくらか。最も近いものを次の中から選べ。

　ただし，観測に誤差はないものとし，この河川固有の基準面の標高は，東京湾平均海面（T.P.）に対して 1.300 m 低いものとする。

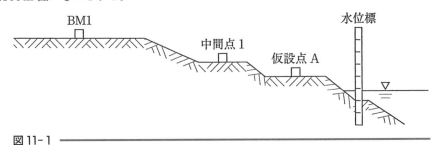

図 11-1

表 11-2

測　点	距　離	後　視	前　視	標　高
BM1	42 m	0.238 m		6.526 m（T.P.）
中間点1	25 m	0.523 m	2.369 m	
仮設点 A			2.583 m	

1．1.035 m

2．2.335 m

3．3.635 m

4．4.191 m

5．5.226 m

（平 22 年）

第12章 写真測量

●傾向と対策

写真測量の出題傾向と対策

　写真測量は，他の分野と異なり最も理解の難しい分野であり，その出題内容も多岐にわたっている。また，出題数も水準，基準点，地形測量と並んで，士補試験の骨格をなしている。

　したがって，本章で取り上げている各問題を一問一問着実に繰り返し学習し，理解を深めていくことが大切である。

実践問題

1　空中写真の性質

　次の文は，通常の地形図作成のために使用される空中写真について述べたものである。明らかに間違っているものはどれか。次の中から選べ。

1．空中写真の主点は，写真の四隅又は四辺の各中央の相対する指標を結んだ交点として求めることができる。

2．空中写真の鉛直点は，写真上の高層建物や高塔の像から求めることができる。

3．平たんな土地を撮影した写真が鉛直写真でない場合，主点，等角点，鉛直点の順番でその地点の像の縮尺が大きい。

4．空中写真に写っている計器から，カメラの傾きの方向と大きさの概略を知ることができる。

5．起伏のある土地を撮影した空中写真を正射変換すると，縮尺は写真全体で一定になる。

（平18年）

2　空中写真測量の各工程

　次の文は，公共測量における空中写真測量の各工程について述べたものである。明らかに間違っているものはどれか。次の中から選べ。

1．撮影した空中写真上で明瞭な構造物が観測できる場合，現地のその地物上で標定点測量を行い対空標識に代えることができる。

2．刺針は，基準点等の位置を現地において空中写真上に表示する作業で，設置した対空標識が空中写真上で明瞭に確認できない場合に行う。

3．ディジタルステレオ図化機では，ディジタル航空カメラで撮影したディジタル画像のみ使用できる。

4．アナログ図化機であっても座標読取装置が付いていれば数値図化に用いることができる。

5．標高点は，主要な山頂，道路の主要な分岐点，主な傾斜の変換点などに選定し，なるべく等密度に分布するように配置する。

（平24年）

3　パスポイントとタイポイント

　次の文は，空中三角測量におけるパスポイント及びタイポイントについて述べたものである。明らかに間違っているものはどれか。次の中から選べ。

1．パスポイントは，撮影コース方向の写真の接続を行うために用いられる。

2．タイポイントは，隣接する撮影コース間の接続を行うために用いられる。

3．パスポイントは，一般に各写真の主点付近及び主点基線上に配置する。

4．タイポイントは，ブロック調整の精度を向上させるため，撮影コース方向に一直線に並ばないようジグザグに配置する。

5．タイポイントは，パスポイントで兼ねることができる。

（平 22 年，類；平 26 年）

4　対空標識の設置

　次の文は，公共測量における対空標識の設置について述べたものである。明らかに間違っているものはどれか。次の中から選べ。

1．対空標識は，あらかじめ土地の所有者又は管理者の許可を得て設置する。

2．上空視界が得られない場合は，基準点から樹上等に偏心して設置することができる。

3．対空標識の保全等のため，標識板上に測量計画機関名，測量作業機関名，保存期限などを標示する。

4．対空標識のD型を建物の屋上に設置する場合は，建物の屋上にペンキで直接描く。

5．対空標識は，他の測量に利用できるように撮影作業完了後も設置したまま保存する。

（平 24 年）

5　空中写真の判読

　次の文は，夏季に撮影した縮尺 1/30,000 のパンクロマティック空中写真の判読の結果について述べたものである。明らかに間違っているものはどれか。次の中から選べ。

1．水田地帯に適度の間隔をおいて高塔が直線状に並んでいたので，送電線と判読した。

2．谷筋にあり，階調が暗く，樹冠と思われる部分がとがって見えたので，広葉樹と判読した。

3．耕地の中に規則正しく格子状の配列を示す樹冠らしきものがみられたので，果樹園と判読した。

4．道路と比べて階調が暗く，直線又はゆるいカーブを描いていたので，鉄道と判読した。

5．コの字型の大きな建物と運動場やプールなどの施設が同じ施設内にあることから，学校と判読した。

（平 18 年，類；平 28 年）

6　空中写真による図化

　次の文は，公共測量における空中写真測量による図化について述べたものである。明らかに間違っているものはどれか。次の中から選べ。

1．各モデルの図化範囲は，原則として，パスポイントで囲まれた区域内でなければならない。

2．等高線の図化は，高さを固定しメスマークを常に接地させながら行うが，道路縁の図化は，高さを調整しながらメスマークを常に接地させて行う。

3．陰影，ハレーションなどの障害により図化できない箇所がある場合は，その部分の空中三角測量を再度実施しなければならない。

4．標高点の測定は2回行い，測定値の較差が許容範囲を超える場合は，さらに1回の測定を行い，3回の測定値の平均値を採用する。

5．傾斜がゆるやかな地形において，計曲線及び主曲線では地形を適切に表現できない場合は，補助曲線を取得する。

（平 23 年）

7 空中写真測量の作業内容

次の文は，公共測量における空中写真測量の作業内容について述べたものである。明らかに間違っているものはどれか。次の中から選べ。

1．対空標識は，設置を予定した場所の上空視界が得られない場合には，樹上などに偏心して設置することができる。

2．対空標識は，あらかじめ土地の所有者又は管理者に設置の許可を得て，雨，風などにより破損しないよう堅固に設置する。

3．標高点は，なるべく等密度に分布するよう配置する。

4．数値図化を行う場合は，必ずディジタルステレオ図化機を使用しなくてはならない。

5．数値図化では，地表の状況を二次元平面上に投影した情報である空中写真から，地物の三次元の位置座標（X，Y，Z）を取得することが可能である。

（平 20 年）

8 ディジタルマッピングにおける数値図化

次の文は，一般的なディジタルマッピングにおける数値図化について述べたものである。明らかに間違っているものはどれか。次の中から選べ。

1．数値図化においては，解析図化機，座標読取装置付アナログ図化機又はディジタルステレオ図化機を使用することができる。

2．ディジタルステレオ図化機では，使用する画像の解像度にかかわらず，均一な精度の数値図化データを取得することができる。

3．取得する数値図化データには，地物及び地形の種類を区分した分類コードを付ける。

4．数値図化では，等高線法による地形データ取得のほか，数値地形モデル法によるデータ取得が行える。

5．数値図化データは，空中写真及び現地調査資料などにより，出力図上で取得漏れ，データ間の整合性について点検する。

（平 19 年）

9 ディジタルステレオ図化機の特徴

次のa～dの文は，ディジタルステレオ図化機の特徴について述べたものである。 ア ～ エ に入る語句の組合せとして最も適当なものはどれか。次の中から選べ。

a．ディジタルステレオ図化機は，コンピュータ上で動作するディジタル写真測量用ソフトウェア，コンピュータ， ア ，ディスプレイ，三次元マウス又はXYハンドル及びZ盤などから構成される。

b．ディジタルステレオ図化機で使用するディジタル画像は，フィルム航空カメラで撮影したロールフィルムを，空中写真用 イ により数値化して取得するほか，ディジタル航空カメラにより取得する。

c．ディジタルステレオ図化機では，ディジタル画像の内部標定，相互標定及び対地標定の機能又は ウ によりステレオモデルを構築する。

d．一般にディジタルステレオ図化機を用いることにより， エ を作成することができる。

	ア	イ	ウ	エ
1．	ステレオ視装置	スキャナ	ディジタイザ	数値地形モデル
2．	描画台	スキャナ	外部標定要素	スキャン画像
3．	ステレオ視装置	編集装置	ディジタイザ	数値地形モデル
4．	ステレオ視装置	スキャナ	外部標定要素	数値地形モデル
5．	描画台	編集装置	ディジタイザ	スキャン画像

(平22年)

10 ディジタルステレオ図化機の特徴

次の文は，ディジタルステレオ図化機の特徴について述べたものである。明らかに間違っているものはどれか。次の中から選べ。

1．ディジタルステレオ図化機を用いると，数値図化データを画面上で確認することができる。

2．ディジタルステレオ図化機を用いると，数値図化データの点検を省略することができる。

3．ディジタルステレオ図化機を用いると，数値地形モデルを作成することができる。

4．ディジタルステレオ図化機を用いると，ステレオ視装置を介してステレオモデルを表示することができる。

5．ディジタルステレオ図化機を用いると，外部標定要素を用いた同時調整を行うことができる。

(平21年，類；平26年)

図 12-1 は，空中写真測量による数値地形図データ作成の標準的な作業工程を示したものである。 ア ～ エ に入る工程別作業区分の組合せとして最も適当なものはどれか。次の中から選べ。

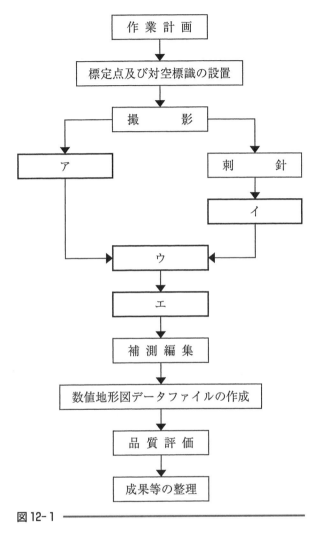

図 12- 1

	ア	イ	ウ	エ
1.	数値図化	空中三角測量	GPS 測量	数値編集
2.	現地調査	空中三角測量	数値図化	数値編集
3.	数値編集	GPS 測量	数値図化	空中三角測量
4.	数値編集	GPS 測量	空中三角測量	数値図化
5.	現地調査	空中三角測量	数値編集	数値図化

(平 23 年，類；令 4，平 28・27・26 年)

12 正射投影画像の特徴

次の文は，写真地図（数値空中写真を正射変換した正射投影画像（モザイクしたものを含む））の特徴について述べたものである。明らかに間違っているものはどれか。次の中から選べ。

1．写真地図は画像データのため，そのままでは地理情報システムで使用することができない。

2．写真地図は，地形図と同様に図上で距離を計測することができる。

3．写真地図は，地形図と異なり図上で土地の傾斜を計測することができない。

4．写真地図は，オーバーラップしていても実体視することはできない。

5．平たんな場所より起伏の激しい場所のほうが，地形の影響によるひずみが生じやすい。

（平 24 年，類；平 25 年）

13 空中写真のオーバーラップ

図 12-2 は，平たんな土地を撮影した一対の等高度鉛直空中写真を，縦視差のない状態で同一平面上に並べて置いたものである。双方の写真には共通の地物Aが写っており，主点 p 及び地物Aの間隔を計測したところ，図 12-2 のとおりであった。この写真のオーバーラップはいくらか。最も近いものを次の中から選べ。ただし，撮影に使用した航空カメラの画面の大きさは 23 cm×23 cm とする。

1．73 %

2．75 %

3．78 %

4．80 %

5．83 %

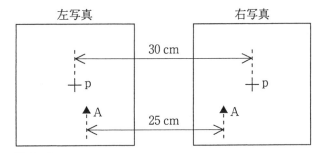

図 12-2

（平 20 年）

14 鉛直空中写真の性質

画面距離 15 cm，画面の大きさ 23 cm×23 cm の航空カメラを用いて，海面からの高度 1,600 m から標高 100 m の平たんな土地を撮影した鉛直空中写真に，同じ高さの 2 つの高塔A，Bが写っている。縮尺 1/25,000 地形図上で高塔A，B間の距離が 29 mm，空中写真上で高塔A，Bの先端間の距離が 75 mm とすると，この高塔の高さはいくらか。最も近いものを次の中から選べ。

1．40 m

2．45 m

3．50 m

4．55 m

5．60 m

（平 18 年）

15　鉛直空中写真の性質

　画面距離が15cm，画面の大きさが23cm×23cmの航空カメラを用いて，海抜2,200mの高度から撮影した鉛直空中写真に，鉛直に立っている高さ50mの直線状の高塔が写っている。この高塔の先端は，鉛直点から70.0mm離れた位置に写っており，高塔の像の長さは2.0mmであった。

　この高塔が立っている地表面の標高はいくらか。最も近いものを次の中から選べ。

1．　30m
2．400m
3．450m
4．750m
5．850m

（平21年）

16　鉛直空中写真の性質

　画面距離15cmのフィルム航空カメラを用いて，等高度鉛直空中写真の撮影を行った。このとき，ある写真の主点付近には山頂が写っており，その写真の山頂における縮尺は1/12,500であった。また，同じコースで撮影した別の写真の主点付近には，長さ90mの鉄道駅のプラットホームが写真上で5.5mmの長さで写っていた。この鉄道駅のプラットホームがある地点付近の標高はいくらか。最も近いものを次の中から選べ。

　ただし，山頂の標高は880mとする。

1．　50m
2．180m
3．300m
4．580m
5．700m

（平22年）

17　鉛直空中写真の性質

　画面距離15cmの航空カメラを用いて鉛直空中写真を撮影した。この撮影により得られた空中写真上で，主点付近にある橋の長さを計測したところ9.9mmであった。この空中写真の海抜撮影高度はいくらか。最も近いものを次の中から選べ。

　ただし，橋は水平に設置されているものとし，その標高は225m，長さは120mとする。

1．2,040m
2．2,000m
3．1,920m
4．1,860m
5．1,820m

（平20年）

18 鉛直空中写真の性質

　平たんな土地を，縮尺 1/10,000 で撮影した鉛直空中写真がある。写真上には，煙突と橋が写っている。煙突は写真上に長さ 2 mm で写っており，鉛直点から煙突先端までの写真上の長さは 6 cm であった。また，橋の端点の一方は鉛直点と一致しており，写真上の橋の長さは 2 cm で写っていた。橋の長さと煙突の高さの関係について正しいものはどれか。最も近いものを次の中から選べ。

　ただし，航空カメラの画面距離は 15 cm とする。

1．橋の長さは，煙突の高さの半分である。

2．橋の長さは，煙突の高さと同じである。

3．橋の長さは，煙突の高さの 2 倍である。

4．橋の長さは，煙突の高さの 3 倍である。

5．橋の長さは，煙突の高さの 4 倍である。

（平 19 年）

19 鉛直空中写真の性質

　画面距離 15 cm，画面の大きさ 23 cm×23 cm のフィルム航空カメラを用いて，海面からの撮影高度 4,000 m，隣接空中写真間の重複度 60 ％で標高 400 m の平たんな土地の鉛直空中写真を撮影した。このときの撮影基線長はいくらか。最も近いものを次の中から選べ。

1．1.4 km

2．1.8 km

3．2.2 km

4．2.5 km

5．3.3 km

（平 22 年）

20 鉛直空中写真の性質

　画面の大きさ 23 cm×23 cm のフィルム航空カメラを用いて，撮影縮尺 1/8,000，航空機の対地速度 200 km/h，隣接空中写真間の重複度 60 ％で平たんな土地の鉛直空中写真を撮影した。このときのシャッター間隔はいくらか。最も近いものを次の中から選べ。

　ただし，航空機は風などの影響を受けず，一定の対地速度で飛行するものとする。

1．　6 秒

2．13 秒

3．19 秒

4．24 秒

5．36 秒

（平 23 年）

21 鉛直空中写真の性質

　画面距離 15 cm，画面の大きさ 23 cm×23 cm の航空カメラを用いて，オーバーラップ 60 ％で平たんな土地の鉛直空中写真の撮影を行いたい。安全かつ安定して飛行できる最遅の対地速度が時速 207 km の飛行機で撮影することとし，シャッター間隔が最小で 4 秒とすると，撮影可能な最大の縮尺に最も近いものはどれか。次の中から選べ。

1．1/2,500

2．1/3,000

3．1/3,500

4．1/4,000

5．1/4,500

（平 18 年）

22 鉛直空中写真の性質

　画面の大きさが 23 cm×23 cm，写真縮尺が撮影基準面で 1/20,000 の空中写真フィルムを空中写真用スキャナで数値化した。数値化した空中写真のデータは，11,500 画素×11,500 画素であった。数値化した空中写真データ 1 画素の撮影基準面における寸法はいくらか。最も近いものを次の中から選べ。

　ただし，空中写真フィルムにひずみはなく，数値化工程でもひずみは生じないものとする。

1．　1 cm

2．　4 cm

3．10 cm

4．25 cm

5．40 cm

（平 21 年）

23 鉛直空中写真の性質

　画面距離 10.5 cm のディジタル航空カメラを使用して，撮影高度 2,800 m で数値空中写真の撮影を行った。このときの撮影基準面での地上画素寸法はいくらか。最も近いものを次の中から選べ。

　ただし，撮影基準面の標高は 0 m とし，ディジタル航空カメラの撮像面での画素寸法は 9 μm とする。

1．18 cm

2．21 cm

3．24 cm

4．27 cm

5．30 cm

（平 23 年）

24 鉛直空中写真の性質

　次の文は，ディジタル航空カメラで鉛直方向に撮影された空中写真の撮影基線長を求める過程について述べたものである。 ア ～ エ に入る数値の組合せとして最も適当なものはどれか。次の中から選べ。

　画面距離 12 cm，撮像面での素子寸法 12 μm，画面の大きさ 12,500 画素×7,500 画素のディジタル航空カメラを用いて撮影する。このとき，画面の大きさを cm 単位で表すと ア cm× イ cm である。

　ディジタル航空カメラは，撮影コース数を少なくするため，画面短辺が航空機の進行方向に平行となるように設置されているので，撮影基線長方向の画面サイズは イ cm である。

　撮影高度 2,050 m，隣接空中写真間の重複度 60 ％で標高 50 m の平たんな土地の空中写真を撮影した場合，対地高度は ウ m であるから，撮影基線長は エ m と求められる。

	ア	イ	ウ	エ
1.	9	15	2,000	1,000
2.	9	15	2,050	1,025
3.	15	9	2,000	600
4.	15	9	2,000	615
5.	15	9	2,050	615

（平 24 年）

●傾向と対策

最新測量技術の傾向

　コンピュータ等を利用した新しい測量分野であり，これからもいろいろな方面で広く活用されるのにともない，今後出題頻度も高くなっていくように思われる。

最新測量技術の対策

1．地理情報システムの機能，特徴について
2．地理空間情報の性質について
3．航空レーザ測量の仕組みと性質について
　上記1～3について，しっかりと理解しておくことが大切である。

実践問題

1　地理情報システムの特徴

　次の文は，地理情報を扱う際のベクタデータとラスタデータの特徴について述べたものである。明らかに間違っているものはどれか。次の中から選べ。

1．ラスタデータからベクタデータへ変換する場合，元のラスタデータ以上の位置精度は得られない。
2．衛星画像データやスキャナを用いて取得したデータは，一般にラスタデータである。
3．ネットワーク解析による最短経路検索には，一般にベクタデータよりラスタデータの方が適している。
4．ベクタデータには，属性を持たせることができる。
5．ラスタデータは，背景画像として用いられることが多い。　　　　　　　　　　　　　（平18年）

2　地理情報システムの特徴

　次の文は，地理情報システムで扱うラスタデータとベクタデータの特徴について述べたものである。明らかに間違っているものはどれか。次の中から選べ。

1．ラスタデータを変換処理することにより，ベクタデータを作成することができる。
2．閉じた図形を表すベクタデータを用いて，図形の面積を算出することができる。
3．ラスタデータは，一定の大きさの画素を配列して，地物などの位置や形状を表すデータ形式である。
4．ネットワーク解析による最短経路検索には，一般にラスタデータよりベクタデータの方が適している。
5．ラスタデータは，拡大表示するほど，地物などの詳細な形状を見ることができる。

（平21年）

3 地理情報システムの特徴および機能

次の文は，地理情報システム（GIS）で扱う数値地図データの特徴及び地理情報システム（GIS）の機能について述べたものである。明らかに間違っているものはどれか。次の中から選べ。

1．ラスタデータをベクタデータに変換し，既存のベクタデータと重ね合わせて表示することができる。

2．ベクタデータは，一定間隔に区切られた小区画の属性値を順に並べたものである。

3．閉じた図形を表すベクタデータを用いて図形の面積を算出することができる。

4．鉄道線のベクタデータには，属性として路線名などを付与することができる。

5．道路中心線のベクタデータを用いて道路ネットワークを構築することによって，道路上の2点間の経路検索が行える。

(平 19 年)

4 地理空間情報の性質

次の文は，地理情報標準に基づいて作成された，位置に関する情報を持ったデータ（以下「地理空間情報」という。）について述べたものである。明らかに間違っているものはどれか。次の中から選べ。

1．ベクタデータは，点，線，面を表現できる。また，それぞれに属性を付加することができる。

2．衛星画像データやスキャナを用いて取得した地図画像データは，ベクタデータである。

3．鉄道の軌道中心線のような線状地物を位相構造解析に利用する場合は，ラスタデータよりもベクタデータの方が適している。

4．地理情報標準は，地理空間情報の相互利用を容易にするためのものである。

5．空間データ製品仕様書は，空間データを作成するときにはデータの設計書として，空間データを利用するときにはデータの説明書として利用できる。

(平 22 年)

5 地理空間情報の性質

次の文は，地理空間情報の利用について述べたものである。 ア ～ エ に入る語句の組合せとして最も適当なものはどれか。次の中から選べ。

地理空間情報をある目的で利用するためには，目的に合った地理空間情報の所在を検索し，入手する必要がある。 ア は，地理空間情報の イ が ウ を登録し， エ がその ウ をインターネット上で検索するための仕組みである。

ウ には，地理空間情報の イ ・管理者などの情報や，品質に関する情報などを説明するための様々な情報が記述されている。

	ア	イ	ウ	エ
1.	地理情報標準	作成者	メタデータ	利用者
2.	クリアリングハウス	利用者	地理情報標準	作成者
3.	クリアリングハウス	作成者	メタデータ	利用者
4.	地理情報標準	作成者	クリアリングハウス	利用者
5.	メタデータ	利用者	クリアリングハウス	作成者

(平 21 年)

6 地理空間情報の性質

次の文は，地理情報システム（GIS）に用いられる空間データについて述べたものである。明らかに間違っているものはどれか。次の中から選べ。

1. スキャナを用いて取得した画像データや衛星画像データは，一般にベクタ形式の空間データである。

2. ラスタ形式は，一定の大きさの画素を配列して，位置や形状を表すデータ形式である。

3. 地理情報標準は，空間データの互換性を確保するために必要な事項を規定したものである。

4. クリアリングハウスは，メタデータ内に記述されている空間データの所在，内容，利用条件などの情報をもとに検索を行うための仕組みである。

5. 空間データの品質評価の結果をメタデータに記載することで，その空間データを利用する者が，他の目的で利用できるかどうかを判断することが容易になる。

(平 20 年)

7 地理空間情報の性質

GISは，地理的位置を手掛かりに，位置に関する情報を持ったデータ（地理空間情報）を総合的に管理・加工し，視覚的に表示し，高度な分析や迅速な判断を可能にする情報システムである。

次の文は，様々な地理空間情報とGISを組み合わせることによってできることについて述べたものである。明らかに間違っているものはどれか。次の中から選べ。

1．地中に埋設されている下水管の位置，経路，埋設年，種類，口径などのデータを基盤地図情報に重ね合わせて，下水道を管理するシステムを構築する。

2．地球観測衛星「だいち」で観測された画像から市町村の行政界を抽出し，市町村合併の変遷を視覚化するシステムを構築する。

3．コンビニエンスストアの位置情報及び居住者の数に関する属性をもった建物データを利用し，任意の地点から指定した距離を半径とする円内に出店されているコンビニエンスストアの数や居住人口を計算することで，新たなコンビニエンスストアの出店計画を支援する。

4．植生分類ごとにポリゴン化された植生域データのレイヤとカモシカの生息域データのレイヤを重ね合わせることにより，どの植生域にカモシカが生息しているかを分析する。

5．構造化された道路中心線データを利用し，火災現場の位置座標を入力することにより，消防署から火災現場までの最短ルートを表示し，到達時間を計算するシステムを構築する。

（平23年，類；平25年）

8 航空レーザ測量の性質

次の文は，公共測量における航空レーザ測量について述べたものである。明らかに間違っているものはどれか。次の中から選べ。

1．航空レーザ測量は，レーザを利用して高さのデータを取得する。

2．航空レーザ測量は，雲の影響を受けずにデータを取得できる。

3．航空レーザ装置は，GNSS測量機，IMU，レーザ測距装置等により構成されている。

4．航空レーザ測量で作成した数値地形モデル（DTM）から，等高線データを発生させることができる。

5．航空レーザ測量は，フィルタリング及び点検のための航空レーザ用数値写真を同時期に撮影する。

（平24年，類；令5年）

9 航空レーザ測量の性質

次の文は，公共測量における航空レーザ測量について述べたものである。明らかに間違っているものはどれか。次の中から選べ。

1．航空レーザ測量では，航空機からレーザパルスを照射し，地表面や地物で反射して戻ってきたレーザパルスを解析し標高を求める。

2．航空レーザ測量システムは，GPS/IMU装置，レーザ測距装置及び解析ソフトウェアから構成される。

３．レーザパルスは，雲や霧，雨などを透過するため，天候に影響されずに航空レーザ測量を行うことができる。

４．航空レーザ測量システムにより取得したデータから，地表面以外のデータを取り除くフィルタリング処理を行うことにより，地表面の標高データを作成することができる。

５．航空レーザ計測では，航空機の位置をキネマティックGPS測量で求めるためのGPS基準局として，電子基準点を用いることができる。

（平22年，類；平29・28・27年）

10 航空レーザ測量の性質

次の文は，航空レーザ測量による標高データの作成工程について述べたものである。 ア ～ オ に入る語句の組合せとして最も適当なものはどれか。次の中から選べ。

航空レーザ測量は，航空機にレーザ測距装置， ア 装置，ディジタルカメラなどを搭載して，航空機から地上に向けてレーザパルスを発射し，地表面や地物で反射して戻ってきたレーザパルスから，地表の標高データを高密度かつ高精度に求めることができる技術である。

取得されたレーザ測距データは， イ での計測値との比較やコース間での標高値の点検により，精度検証と標高値補正がされて ウ データとなる。この ウ データには構造物や植生などから反射したデータが含まれているため，地表面以外のデータを取り除くフィルタリング処理を行い，地表の標高だけを示す エ データを作成する。

また，レーザ測距と同時期に地表面を撮影した画像データは， ウ データから作成された数値表層モデルを用いて正射変換されて， オ データなどの取得やフィルタリング処理の確認作業に利用される。

エ データは地表のランダムな位置の標高値が分布しているため，利用目的に応じて地表を格子状に区切ったグリッドデータに変換することが多い。グリッドデータは， エ データの標高値から，内挿補間法を用いて作成される。

	ア	イ	ウ	エ	オ
1.	GPS/IMU	調整用基準点	オリジナル	グラウンド	水部ポリゴン
2.	GPS/IMU	ディジタルカメラ	グラウンド	オリジナル	欠測
3.	合成開口レーダ	ディジタルカメラ	グラウンド	オリジナル	水部ポリゴン
4.	合成開口レーダ	調整用基準点	グラウンド	オリジナル	欠測
5.	GPS/IMU	ディジタルカメラ	オリジナル	グラウンド	水部ポリゴン

（平21年，類；平25年）

関　数　表

平　方　根

	√		√
1	1.00000	51	7.14143
2	1.41421	52	7.21110
3	1.73205	53	7.28011
4	2.00000	54	7.34847
5	2.23607	55	7.41620
6	2.44949	56	7.48331
7	2.64575	57	7.54983
8	2.82843	58	7.61577
9	3.00000	59	7.68115
10	3.16228	60	7.74597
11	3.31662	61	7.81025
12	3.46410	62	7.87401
13	3.60555	63	7.93725
14	3.74166	64	8.00000
15	3.87298	65	8.06226
16	4.00000	66	8.12404
17	4.12311	67	8.18535
18	4.24264	68	8.24621
19	4.35890	69	8.30662
20	4.47214	70	8.36660
21	4.58258	71	8.42615
22	4.69042	72	8.48528
23	4.79583	73	8.54400
24	4.89898	74	8.60233
25	5.00000	75	8.66025
26	5.09902	76	8.71780
27	5.19615	77	8.77496
28	5.29150	78	8.83176
29	5.38516	79	8.88819
30	5.47723	80	8.94427
31	5.56776	81	9.00000
32	5.65685	82	9.05539
33	5.74456	83	9.11043
34	5.83095	84	9.16515
35	5.91608	85	9.21954
36	6.00000	86	9.27362
37	6.08276	87	9.32738
38	6.16441	88	9.38083
39	6.24500	89	9.43398
40	6.32456	90	9.48683
41	6.40312	91	9.53939
42	6.48074	92	9.59166
43	6.55744	93	9.64365
44	6.63325	94	9.69536
45	6.70820	95	9.74679
46	6.78233	96	9.79796
47	6.85565	97	9.84886
48	6.92820	98	9.89949
49	7.00000	99	9.94987
50	7.07107	100	10.00000

三　角　関　数

度	sin	cos	tan	度	sin	cos	tan
0	0.00000	1.00000	0.00000				
1	0.01745	0.99985	0.01746	46	0.71934	0.69466	1.03553
2	0.03490	0.99939	0.03492	47	0.73135	0.68200	1.07237
3	0.05234	0.99863	0.05241	48	0.74314	0.66913	1.11061
4	0.06976	0.99756	0.06993	49	0.75471	0.65606	1.15037
5	0.08716	0.99619	0.08749	50	0.76604	0.64279	1.19175
6	0.10453	0.99452	0.10510	51	0.77715	0.62932	1.23490
7	0.12187	0.99255	0.12278	52	0.78801	0.61566	1.27994
8	0.13917	0.99027	0.14054	53	0.79864	0.60182	1.32704
9	0.15643	0.98769	0.15838	54	0.80902	0.58779	1.37638
10	0.17365	0.98481	0.17633	55	0.81915	0.57358	1.42815
11	0.19081	0.98163	0.19438	56	0.82904	0.55919	1.48256
12	0.20791	0.97815	0.21256	57	0.83867	0.54464	1.53986
13	0.22495	0.97437	0.23087	58	0.84805	0.52992	1.60033
14	0.24192	0.97030	0.24933	59	0.85717	0.51504	1.66428
15	0.25882	0.96593	0.26795	60	0.86603	0.50000	1.73205
16	0.27564	0.96126	0.28675	61	0.87462	0.48481	1.80405
17	0.29237	0.95630	0.30573	62	0.88295	0.46947	1.88073
18	0.30902	0.95106	0.32492	63	0.89101	0.45399	1.96261
19	0.32557	0.94552	0.34433	64	0.89879	0.43837	2.05030
20	0.34202	0.93969	0.36397	65	0.90631	0.42262	2.14451
21	0.35837	0.93358	0.38386	66	0.91355	0.40674	2.24604
22	0.37461	0.92718	0.40403	67	0.92050	0.39073	2.35585
23	0.39073	0.92050	0.42447	68	0.92718	0.37461	2.47509
24	0.40674	0.91355	0.44523	69	0.93358	0.35837	2.60509
25	0.42262	0.90631	0.46631	70	0.93969	0.34202	2.74748
26	0.43837	0.89879	0.48773	71	0.94552	0.32557	2.90421
27	0.45399	0.89101	0.50953	72	0.95106	0.30902	3.07768
28	0.46947	0.88295	0.53171	73	0.95630	0.29237	3.27085
29	0.48481	0.87462	0.55431	74	0.96126	0.27564	3.48741
30	0.50000	0.86603	0.57735	75	0.96593	0.25882	3.73205
31	0.51504	0.85717	0.60086	76	0.97030	0.24192	4.01078
32	0.52992	0.84805	0.62487	77	0.97437	0.22495	4.33148
33	0.54464	0.83867	0.64941	78	0.97815	0.20791	4.70463
34	0.55919	0.82904	0.67451	79	0.98163	0.19081	5.14455
35	0.57358	0.81915	0.70021	80	0.98481	0.17365	5.67128
36	0.58779	0.80902	0.72654	81	0.98769	0.15643	6.31375
37	0.60182	0.79864	0.75355	82	0.99027	0.13917	7.11537
38	0.61566	0.78801	0.78129	83	0.99255	0.12187	8.14435
39	0.62932	0.77715	0.80978	84	0.99452	0.10453	9.51436
40	0.64279	0.76604	0.83910	85	0.99619	0.08716	11.43005
41	0.65606	0.75471	0.86929	86	0.99756	0.06976	14.30067
42	0.66913	0.74314	0.90040	87	0.99863	0.05234	19.08114
43	0.68200	0.73135	0.93252	88	0.99939	0.03490	28.63625
44	0.69466	0.71934	0.96569	89	0.99985	0.01745	57.28996
45	0.70711	0.70711	1.00000	90	1.00000	0.00000	＊＊＊＊＊

問題文中に数値が明記されている場合は，その値を使用すること。

第 二 部
解答・解説編

序章　測量法

1　測量法に関する問題

■正解■

1．ア：地図の調整　イ：測量用写真の撮影　　2．ウ：国土地理院

3．エ：計画書　　4．オ：測量計画機関　　5．カ：国土地理院の長

6．キ：国土地理院の長　　7．ク：測量士　ケ：測量士補　コ：計画

■解説■

1について

　測量とは，地表面あるいはその近傍の地点の相互関係および位置を確立する科学技術であり，また，数値あるいは図によって表された相対的位置を地上その他に再現させる技術である。このうち，わが国の国土の開発，利用，保全等に重要な役割を担うのが「土地に関する測量」であり，この土地に関する測量について定められた法律が「測量法」である。

　この法律において「測量」とは，土地の測量をいい，地図の調整および測量用写真の撮影を含むものとされている。

2について

　測量法においては，測量について，その実施の主体または費用負担の区分，規模および精度，実施の基準の3点から「基本測量」，「公共測量」および基本測量または公共測量の測量成果を使用して実施する「基本測量および公共測量以外の測量」の3つに区分し定義している。

　そのうち基本測量は，すべての測量の基礎となる測量で，国土交通省国土地理院が行うものである。

3について

　法第36条において，測量計画機関は，公共測量を実施しようとするときは，あらかじめ，次にかかげる事項を記載した計画書を提出して，国土地理院の長の技術的助言を求めなければならない。また，その計画書を変更しようとするときも同様とする。

　1．目的，地域および期間

　2．精度および方法

4について

　「測量作業機関」とは，測量計画機関の指示または委託を受けて測量作業を実施する者をいい，また，作業機関は適切な作業計画を立案し，それを計画機関に提出して承認を得た後，作業に着手しなければならない。

5，6について

　基本測量以外の測量を実施しようとする者は，国土地理院の長の承認を得て，基本測量のために設置した測量標を使用することができる。また，基本測量の測量成果を使用して測量を実施しようとする者は，国土地理院の長がその測量成果が当該測量に関して適切なものであるか否かを確かめるために，あらかじめその承認を得なければならない。

7について

　技術者として基本測量または公共測量に従事する者は，測量法の規定にしたがい，登録された測量士または測量士補でなければならない。

　測量士は，測量に関する計画を作成し，または実施する。測量士補は，測量士の作成した計画にしたがい測量に従事する。

2　公共測量における作業

■正解■　2

■解説■

1について

　公共測量において，平面位置は，特別の事情がある場合を除き，平面直角座標系に規定する世界測地系にしたがう直角座標および日本水準原点を基準とする高さ（標高）により表示する。したがって，本問の記述は正しい。

2について

　設置した永久標識については，成果表の他に点の記を作成しなければならない。点の記は，今後の測量に当該点を利用するための資料として作成されるものであり，基準点の所在地，地目，所有者等，順路，その付近の詳細スケッチ，その他将来の作業に参考となる事項を記載するとともに，必要に応じて備考欄等に参考事項を記入する。したがって，本問の記述は誤りである。

3について

　GNSS（p.92参照）衛星を用いて観測する際には，観測前にGPSなどの衛星運用情報の確認や解析ソフトウェアに付属するプランニング用ソフトウェアで飛来情報を確認し，観測時間帯を決定しなければならない。また，このとき，衛星が天空に均等に配置されていることが重要であり，片寄った配置での使用は精度を低下させるため避けなければならない。したがって，本問の記述は正しい。

4について

　対空標識は，基準点等に設置することを原則としている。しかし，種々の理由（たとえば，基準点等の近くに高木や建物があり，フィルム航空カメラでは，45度以上の上空視界を確保できない場合等……）で基準点等に直接設置できない場合は，偏心点を設置し，偏心距離および偏心角を測定し，偏心計算を行うものとする。したがって，本問の記述は正しい。

5について

　測量の現地調査を実施する際には，あらかじめ空中写真，参考資料等を用いて，調査事項，調査範囲，作業量等を把握しておいた方が，現地における作業時間を短縮し，より効率的に作業を進めることができる。したがって，本問の記述は正しい。

3　公共測量における現地作業

■正解■　4

■解説■

1について

　現地調査は，予察の結果に基づいて空中写真および各種資料を活用し，下記に掲げるものについて実施するものとする。

　1)　予察結果の確認　　2)　空中写真上で判読困難または判読不能な事項　　3)　空中写真撮影後の変化状況　　4)　図式の適用上必要な事項　　5)　注記に必要な事項および境界　　6)　その他特に必要とする事項

　また，調査事項の接合は，現地調査期間中に行い，整理の際にそれぞれ点検を行うものとし，接合は送り受けを明確にし，現地調査整理写真間の不整合を生じさせたり，同一地区を二重に調査したりしないようにするとともに，転写時に誤記が生じていないかを点検する。したがって，本問の記述は正しい。

2について

　環境保全の面からも，掘り起こした土は元の状態に復元し，また，清掃することは当然の義務であり，本問の記述のとおりである。

3について

　本問の記述のとおりであり，基準点測量において，周囲を柵で囲まれた土地にある基準点を使用する際には，作業開始前にその占有者に土地の立入りを通知しなければならない。

4について

　既知点の現況調査は，選点を兼ねて，既知点の異常の有無，経路，視通および土地所有者等の調査を併せて行うものであり，後続の作業（新点設置）の観測の前に行わなければならない。したがって，本問の記述は誤りである。

5について

　作業を実施する上で，当然配慮しなければならないことであり，本問の記述は正しい。

4　公共測量における現地作業

■正解■　3

■解説■

1について

　A県が発注する基準点測量において，測量を実施する者が，A県が設置した基準点を使用する際には，当該測量標の使用承認申請は必要ない。したがって，本問の記述は正しい。

2について

　対空標識は，地上に設置した構造物となるため，場合によっては樹木の伐採が必要となることもある。この際，あらかじめ支障となる樹木の所有者または占有者の承認を得るとともに，土地所有者とのトラブルが生じないようにしなければならない。

また，空中写真撮影までに自然的，人為的に壊れないように，対空標識は堅固に設置しなければならない。したがって，本問の記述は正しい。

3について

道路上での作業になる場合には，道路占用許可（道路管理者の許可）と，道路使用許可（所轄の警察署長の許可）の2つの許可を取る必要がある。したがって，本問の記述は誤りである。

4について

公園を安全に利用するという目的からも，本問の設置方法は正しい。

5について

本問は，測量に従事する者が心がけなければならない基本的な留意事項であり，本問の記述は正しい。

5　公共測量における現地作業

■正解■　4

■解説■

1について

測量その他で道路を使用する場合には，交通量の多少に関係なく，あらかじめ所轄警察署長に許可申請書を提出し，許可を受けなければならない。したがって，本問の記述は正しい。

2について

基準点の設置完了後に，使用しなかった材料を撤去し，作業区域の清掃を行うことは，土地所有者とのトラブル等を防ぐとともに，環境保全のためにも必要なことである。したがって，本問の記述は正しい。

3について

個人情報の流出は，悪用されて種々のトラブルの原因となる場合があるので，紛失しないように厳重な管理をしなければならない。したがって，本問の記述は正しい。

4について

設置した対空標識は，強風による飛散や周辺の美観を損ねることも考えられるため，危険防止，環境保全等に配慮して，撮影作業完了後，速やかに撤収しなければならない。したがって，本問の記述は誤りである。

5について

公有または私有の土地に立ち入る必要がある場合には，不審者と混同されないためにも，測量計画機関が発行する身分を示す証明書を必ず携帯するようにしなければならない。したがって，本問の記述は正しい。

第1章 距離測量

1 GNSS 測量の性質

■正解■　1

■解説■

GNSS（Global Navigation Satellite Systems：汎地球測位航法衛星システム）とは，アメリカの GPS（ジーピーエス：Global Positioning System），ロシアの GLONASS（グロナス：Global Navigation Satellite System），ヨーロッパ共同体の Galileo（ガリレオ：Galileo positioning system），日本の QZSS（キューゼットエスエス：キューズィー：Quasi（準）Zenith（天頂）Satellites（衛星）System）等の衛星航法（測位）システムの総称であるが，測量においては，H23 年の作業規程の準則の改正により，GPS 衛星と GLONASS 衛星を併用して利用できるようになったため，従来の GPS 測量から GNSS（ジーエヌエスエス）測量へと名称が変更されたものである。

GNSS 衛星を用いて観測する際には，観測前に GPS 衛星運用情報の確認や解析ソフトウェアに付属するプラニング用ソフトウェアで飛来情報を確認し，観測時間帯を決定しなければならない。また，このとき，衛星が天空に均等に配置されていることが重要であり，片寄った配置での使用は精度を低下させるため避けなければならない。

1 級基準点測量において，GNSS 観測は，干渉測位方式で行う。スタティック法による観測距離が 10km 未満の観測において，GPS 衛星のみを使用する場合は，同時に 4 衛星以上の受信データを使用して基線解析を行う（GPS および GLONASS 衛星を用いて観測する場合には，5 衛星以上の受信データを使用する）。

1 級基準点測量において，近傍に既知点がない場合は，既知点を電子基準点のみとすることができ，作業地域に最も近い 2 点以上を使用することを規定しており，この場合の既知点間の距離の制限は設けていない。また，1 級基準点測量においては，原則として，結合多角方式により行うものとする。

したがって，語句の組合せとして最も適当なものは 1 である。

2 GNSS 測量の性質

■正解■　5

■解説■

1について

GNSS 測量の観測中に，レーダや通信局等の強い電波発信源がある施設の近傍では，電波障害を起こし，観測精度が低下することがある。また，アンテナの周囲に自動車等を近づけると，マルチパス（多重反射）や，エンジンからの雑音電波により電波障害を生じる場合があるので気をつけなければならない。したがって，本問の記述は正しい。

2について

電子基準点を既知点として使用する場合には，観測前に使用する電子基準点の稼働状況を把握しておく必要があり，電子基準点の観測データおよび稼働状況はインターネットを利用し，国土地理院ホー

ムページ上の電子基準点データ提供サービスの稼働状況から把握することができる。したがって，本問の記述は正しい。

3について

　観測時において，すべての観測点のアンテナの高さを統一する必要はないが，アンテナの構造上の誤差や位相特性の誤差を最小にするためにアンテナを設置する方向を統一し，アンテナ高は1mmまで正確に測定する。したがって，本問の記述は正しい。

4について

　基線が長くなって，両地点の気温，湿度，気圧に相当の差があるときや，高度差があるときを除き，普通の測量においては，基線解析プログラムのソフトウェアに始めから定数として組み込まれており（たとえば，20℃，50％，1013hpというように），十分の精度で補正されるので気象測定は実施しなくてよい。したがって，本問の記述は正しい。

5について

　軌道情報というのは，GNSS衛星の任意の瞬間の位置を計算するためのデータのことであり，基線解析を実施する際にはこの軌道情報が必要である。したがって，本問の記述は誤りである。

3　GNSS 測量の性質

■正解■　3

■解説■

1について

　基線解析において，気象要素の補正を行う場合，観測点での気象観測要素を入れて基線解析をしても，鉛直方向の精度が改善されないことが多い。このため，実際の気象観測値を入力するのをやめて，標準的な気象条件（たとえば，温度20℃，1気圧，湿度50％）を両点に入力し，対流圏（大気）遅延を計算するのが一般的である。したがって，本問の記述は正しい。

2について

　基線測定の観測には，1周波数型（L1帯のみ）と2周波数型（L1帯，L2帯）の2種類がある。一般に比較的短い基線（数km以下）の観測には1周波数型，長い基線の観測には2周波数型が用いられている。したがって，本問の記述は正しい。

3について

　軌道情報というのは，GPS衛星の任意の瞬間の位置を計算するためのデータである。単独測位や干渉測位による測量では，衛星の位置を基にして，自分の位置や基線を求めていくので，軌道情報は最も重要なデータの一つである。したがって，本問の記述は誤りである。

4について

　GPS測量においては，GPS受信機相互の時計の誤差を消去し，データの信頼性を確保するために，4個以上のGPS衛星が必要である。したがって，本問の記述は正しい。

5について

　GPS測量で求められる座標値は，一般にWGS-84座標系で表されており，基線解析で求められる

観測点の高さは，WGS-84系で定めた楕円体からの高さである。したがって，本問の記述は正しい。

4　GNSS測量の性質

■正解■　1

■解説■

　本問は，専門的な知識を必要とし，なかなか理解しにくい面が多い。したがって，問題の記述が正しいか否かということで理解しておくと十分である。

1について

　干渉測位では，GPS衛星から2台の受信機までの距離の差である行路差より，基線ベクトルを決定するが，この際，行路差の部分に電波の波がいくつ入っているかわからず（波の小数以下は，受信機に記録されるが，整数部分はどこにも記録されない），そのため，行路差の値に整数波長分の不確定が残ることになる。これを整数値バイアスと呼ぶ。

　整数値バイアスの決まり具合を表す指標として，整数値バイアス決定比が用いられている。この値は，整数値バイアスを実数値で推定したときの実数値に最も近い整数値（第一候補）の観測の分散と，次に近い整数値（第二候補）の観測値の分散を計算し，第二候補による分散値を，第一候補による分散値で割った比率を表しており，整数値バイアスを推定したときの信頼度を示している。

　また，この比率が大きいものほど整数値の信頼度は高くなり，1に近づくほど信頼度は低くなる。一般には，比率が2から3以上であれば，整数値バイアスが決定できたと判断して，フィックス解の計算を行う。

　しかし，決定比率が小さくて，整数値バイアスが決定できない場合には，フロート解のみの計算で終了することになり，基線長が10kmを超えないところでフィックス解が求まらないような場合には，基線解析の信頼度が低いので再測を行う。したがって，本問の記述は誤りである。

関連事項

フロート解とフィックス解について

1．フロート解

　基線解析を行う際，第一の段階において，最小二乗法で推定される整数値バイアスは，必ずしもピッタリとした整数にならず，一般には小数点付きの実数（これを浮動小数点数：Floatという）となる。このときに求められた基線解のことをフロート解という。

2．フィックス解

　バイアスの推定値と標準偏差を判断材料とし，推定された実数バイアス値を整数化し，バイアスを固定（fix）したままで，基線ベクトルだけをもう一度最小二乗推定する。こうして得られた基線解をフィックス解という。

2について

　標準偏差や整数値バイアス決定比等は，内部的精度の評価であるので，解析結果に系統的誤差（測定の条件が変わらなければ，大きさや現れ方が一定しており，測定値が加算されるにしたがって累積

していく誤差：定誤差ともいう）が含まれているかどうかの区別はつけにくい。したがって，本問の記述は正しい。

3について

基線解析では，統計的な判定を行って，マルチパス（トタン屋根や看板などによる多重反射）や妨害電波等のノイズを受けていると判断されるデータは棄却される。また，棄却率が数10％もある場合には，点検測量を行うとともに，観測環境の確認を行う。したがって，本問の記述は正しい。

4について

標準偏差は，観測値のばらつき具合を示すもので，通常は数mmである。また，標準偏差が小さい場合には，良質の観測データを取得し，解析結果が良好であるという判断はできる。したがって，本問の記述は正しい。

5について

独立した条件で観測した基線解析結果の基線ベクトルの各成分を比較する点検計算に，基線ベクトルの閉合による方法がある。これは，セッション数が多数ある場合に，異なるセッションによる環閉合を行い，基線解析結果の精度を確認する方法である。環閉合計算では，基線ベクトルの各成分ごとに足し算をして閉合状況を確認する。したがって，本問の記述は正しい。

5 GNSS測量の性質

■正解■　4

■解説■

1について

GPS測量は，人工衛星からの電波を受信して行う測量である。したがって，高圧電線の下やレーダー，放送局等の建物の付近では，強い電波が発生しており，これらの電波が妨害電波となり，人工衛星から送られてくる電波に悪影響を与え，観測精度が低下することがある。したがって，このような場合には，偏心点を設置し，偏心点でGPS観測を実施した方がよい。したがって，本問の記述は正しい。

2について

GPS衛星は，衛星を管理するための軌道変更等を行い，観測に使用できなくなる場合もある。したがって，観測の前には，GPS衛星運用情報の確認や解析ソフトウェアに付属するプランニング用ソフトウェアで飛来情報を確認し，観測時間帯を決定しなければならない。また，このとき，衛星が天空に均等に配置されていることが重要であり，片寄った配置での使用は，精度を低下させるため避けなければならない。したがって，本問の記述は正しい。

3について

GPS観測を同一セッション（セッションとは，同時に複数のGPS受信機を用いて行う観測をいう）で行う場合には，各観測点のGPSアンテナを一定の方向（たとえば北の方向）に向けて整置する必要がある。

GPSアンテナは，無指向性のアンテナを使用しているため，電波の入射方向によって位相ずれが発

生する。このずれの量は，極端に精度を低下させるものではないが，同機種のアンテナであれば，同一方向に向けて観測することにより，位相ずれによる誤差を消去できる。GPS アンテナを向ける方向は，数度の精度で十分であり，コンパス（磁針）等を用いて整置する。したがって，本問の記述は正しい。

4について

GPS 観測は，複数の GPS 受信機を同時に用いて実施するため，無駄な観測を行わないように，平均図に基づき，効果的なセッション計画を立案する必要がある。また，セッション計画を図に表した観測図を作成することにより，観測やその後の点検計算を効率的に進めることができる。したがって，観測前に平均図を作成しておかなければならない。よって，本問の記述は誤りである。

関連事項

選点図と平均図について

1．選点図

基準点測量において，新点（新しく設置される基準点）の位置を選定したときは，その位置および視通線等を地形図に記入し，図面を作成する。この図面を選点図という。

2．平均図（平均計画図）

選点図に基づいて，多くの視通線の中から必要な方向を選定し，観測および計算に必要な図面を作成する。この図面を平均図（平均計画図）という。

平均図の良否は，後続作業におよぼす影響が大きく，かつ，新点の位置の精度を左右するため，十分に検討する必要がある。

5について

基線解析に使用する高度角は，観測時に GPS 測量機に設定した受信高度角（高低角）とする。したがって，本問の記述は正しい。

6　GNSS 測量の性質

■**正解**■　1

■**解説**■

アについて

大気の上層にあって，太陽からの紫外線や X 線によって電離した状態になっている領域を電離層と呼んでいるが，GPS 衛星の電波がそこを通過するとき，電離層によって電波が反射，屈折され，地上までの到達時間が遅くなる。このために生ずる誤差を電離層遅延誤差と呼んでいる。この電離層遅延誤差は，周波数に依存するため，2 周波（L1 帯，L2 帯）の観測によって軽減を図っている。

イについて

GPS 衛星からの電波は，電離層と同様，大気つまり対流圏の中を通り抜けてくるときにも速度の変化（遅れ）を受ける。これが対流圏遅延誤差であり，この誤差は，2 周波数観測を行っても補正することはできない。解析ソフトウェアでは，数学モデルによる搬送波位相を計算する際に，観測点にお

ける気象要素（温度，湿度，気圧）から理論的に対流圏遅延量を求めて，搬送波の計算値に補正を加えている。

ウについて

ネットワーク型RTK-GPS測量とは，基準局の観測データ等により算出された補正データ等，または面補正パラメータと，移動局に設置したGPS測量機で観測したデータを用い，即時に基線解析または補正処理を行うことで，位置を定める作業である。

エについて

マルチパスは，GPS衛星から発信された電波が，建物等で反射してGPSアンテナに到達する現象であり，GPSアンテナでは，GPS衛星より直接到達する信号とマルチパスより遅れて到達する信号を受信することになる。

したがって，最も適当な語句の組合せは1である。

7　GNSS測量の誤差

■正解■　2

■解説■

1について

GPSアンテナは，無指向性のアンテナを使用しているため，電波の入射方向によって位相ずれが発生する。このずれの量は，極端に精度を低下させるものではないが，同機種のアンテナであれば，同一方向に向けて観測することによって，位相ずれによる誤差を消去できる。したがって，本問の記述は正しい。

2について

長距離基線（昼夜，季節等，種々の条件によって異なるが，大体5km以上）の場合，電離層や対流圏（大気圏）を通ってくる電波の影響量が，干渉（相対）測位において，双方の受信機によって異なる。これらの影響量の差が誤差となる。2周波GPS受信機を使用しても，電離層の影響量は消去できるが，対流圏の影響量は消去できない。したがって，本問の記述は誤りである。

3について

本問の記述のように，GPS衛星の飛来情報を事前に確認し，衛星が天空に均等に配置されていることが重要であり，片寄った配置での使用は，精度を低下させるため避けなければならない。したがって，本問の記述は正しい。

4について

観測中には，アンテナの周囲に自動車を近づけるとマルチパスの原因やエンジンからの雑音電波により電波障害を生じる場合がある。また，無線機や携帯電話は，近くにおいて使用すると電波障害につながるため，できる限りGPSアンテナから離れて使用しなければならない。したがって，本問の記述は正しい。

5について

GPS測量機を用いた測量では，GPS衛星からの電波を利用するので，高い建物が多い都市部や森

林などにおける障害物による短時間の受信データの中断（サイクルスリップ）や，看板やトタン屋根などの建物で発生する多重反射（マルチパス）などの電波受信障害により，観測の信頼が低下することがある。このために測量時に上空視界の確保が必要となる。また，天頂付近のGPS衛星に比べ，地表付近のGPS衛星から受信される電波は，大気による遅延量が大きいことや，地面などによる多重反射の影響も受けやすいため，通常，解析に使用するGPS衛星の最低高度角（15°を標準としている）を設定する。したがって，本問の記述は正しい。

8　光波測距儀の誤差

■正解■　5

■解説■

a，bについて

　器械定数は，光波測距儀の電気回路などによる固有の誤差をいい，この誤差は，測定距離に比例せず，一定の大きさをもつ誤差である。

　また，反射鏡定数（反射プリズム定数ともいう）は，反射プリズムの中心と反射位置のずれにより，測定距離に影響を与える誤差であり，この誤差も器械定数と同様に一定の大きさをもつ誤差である。

cについて

　気温・気圧・湿度などの気象要素の測定誤差に起因する距離測定の誤差は，大気（地球を取り巻いている種々の気体の全体）が一様であるとすれば，測定距離に比例する性質をもっている。

　一般に気象要素が測定距離におよぼす影響（誤差）は，近似的に下式から求められる。

$$\Delta D \fallingdotseq (+1.0\Delta t - 0.3\Delta P + 0.04\Delta e) \times D \times 10^{-6}$$

　　　ただし，ΔD：気象要素（気温・気圧・湿度）が測定距離に与える全体の誤差

　　　　　　Δt：気温測定の誤差（℃）

　　　　　　ΔP：気圧測定の誤差（hPa）

　　　　　　Δe：水蒸気圧（湿度）測定の誤差（hPa）

　　　　　　D：測定距離

　　　　　　　　　　　　　　（注）　湿度の変化（誤差）が測定距離に与える影響は，気圧の変化の1/10ぐらいで非常に小さく，一般には省略している。

　関連事項

　　気圧の単位は，長い間ミリバールが用いられてきたが，1992年から国際単位系の圧力単位，ヘクトパスカル（hPa）が使用されるようになった。

　　1気圧は，水銀柱760mmの圧力に等しい気圧をいい，hPaとの関係は

　　　　1気圧 = 760mmHg（水銀柱760mm）≒ 1013hPa

---

dについて

　光波測距儀による距離測定の原理を，図1に示す。強度に変調した高周波変調光を測点間に往復させ，そのときの波数と，1波長に満たない端数を測定して，2点間の斜距離を求めるものであり，水

平距離は，この斜距離を測距儀内部で自動的に補正し，表示できるようになっている。

　また，光波測距儀を用いた距離測定の際に生じる誤差には，距離に比例する誤差と，距離に関係なく，光波測距儀を使用するたびに，一定の大きさで生じる誤差の2種類がある。距離に比例する誤差とは，距離が2倍，3倍になると，それにともなって生じる誤差の大きさも2倍，3倍の大きさになる誤差をいう。

　図1のdは，位相差測定器を用いて求められるが，この際，位相差測定時に生ずる誤差を，位相差測定の誤差という。

　また，この位相差測定の誤差は，器械固有の誤差であり，距離には比例しない。

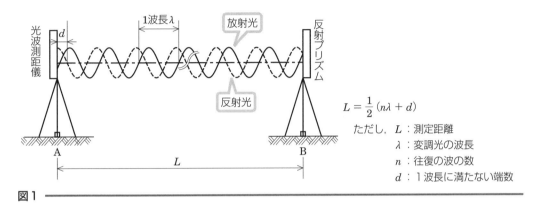

$$L = \frac{1}{2}(n\lambda + d)$$

ただし，L：測定距離
λ：変調光の波長
n：往復の波の数
d：1波長に満たない端数

図1

eについて

　変調周波数の変化（誤差）が測定距離におよぼす影響（dD）は，下式で求められる。

$$dD = -D \times \frac{(f_0 - f)}{f_0} \longleftarrow 変調周波数の変化（誤差）$$

ただし，D：測定距離

f_0：光波測距儀の基準周波数

f：測定時の周波数

したがって，変調周波数の誤差が測定距離におよぼす影響は，測定距離に比例する。

関連事項

　光波測距儀による距離測定に影響する誤差には，上記の誤差の他に下記の誤差がある。

１．器械の致心誤差

　光波測距儀の器械の中心と測点の中心が，同一鉛直線上にない場合に生ずる誤差であり，この誤差は測定距離に比例せず，一定の大きさをもつ誤差である。

２．反射鏡の致心誤差

　反射鏡の中心と測点の中心が，同一鉛直線上にない場合に生ずる誤差であり，この誤差も器械の致心誤差と同様に測定距離に比例せず，一定の大きさをもつ誤差である。

9 光波測距儀の器械定数と反射鏡定数

■**正解**■　4

■**解説**■

　測定結果に，光波測距儀の器械定数，および反射鏡定数を補正した補正後の測点間の距離と，比較基線場成果表の測点間の距離が，それぞれ等しくならなければならないことに着目して考える。

　光波測距儀の器械定数をK_G，反射鏡Aの反射鏡定数をK_Rとすると，図2より，

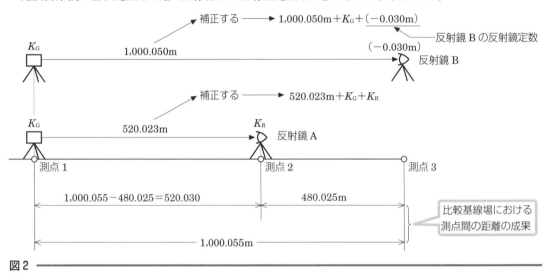

図2

$$1,000.050 + K_G + (-0.030) = 1,000.055$$
$$K_G = 1,000.055 - 1,000.050 + 0.030$$
$$= 0.035 \ [\text{m}]$$
$$520.023 + K_G + K_R = 520.030$$
$$K_R = 520.030 - 520.023 - K_G$$
$$= 520.030 - 520.023 - 0.035$$
$$= -0.028 \ [\text{m}]$$

一口アドバイス

　測量士補試験は，出題範囲も非常に広く，また，出題内容も多岐にわたっています。そのため，短期間の学習では，全部を消化しきれない面があります。

　せめて最低でも3か月ぐらいの期間の余裕をもって，毎日コツコツと努力してほしいと思います。

第2章 角測量

1 水平角観測の誤差

■正解■　2

■解説■

　測角器械の調整が不完全なために生じる誤差および構造上の欠かんによる誤差の種類，誤差の原因，誤差の消去・軽減のための方法は次の表のとおりである。

　なお，鉛直軸誤差は，どのような測角方法であっても，誤差の影響を消去・軽減できないので，上盤気泡管の検査・調整は重要である。また，空気密度の不均一さによる目標像のゆらぎのために生ずる誤差は，望遠鏡の正（右），反（左）の観測値を平均しても消去できない。したがって，2が正解である。

1．器械の調整不完全による誤差

誤差の種類	誤差の原因	誤差の消去・軽減のための方法
鉛直軸誤差	気泡管軸と鉛直軸の直交不完全	測角方法では消去できない。調整が必要。
視準軸誤差	視準線と水平軸の直交不完全	望遠鏡の正位・反位の測定で消去できる。
水平軸誤差	水平軸と鉛直軸の直交不完全	望遠鏡の正位・反位の測定で消去できる。
鉛直目盛の指標誤差	器械・器具に固有の誤差	望遠鏡の正位・反位の測定で消去できる。

2．構造上の欠かんによる誤差

誤差の種類	誤差の原因	誤差の消去・軽減のための方法
目盛盤の目盛誤差	目盛の不均一による。	完全に消去できないが，目盛盤の全周を均等に使用することで軽減できる。
目盛盤の偏心誤差	目盛盤の中心と目盛盤の回転軸の不一致による。	望遠鏡の正位・反位の測定で消去できる。
視準軸の外心誤差	視準軸が，器械の中心を通らないことによる。	望遠鏡の正位・反位の測定で消去できる。

2 トータルステーション等を用いた作業

■正解■　3

■解説■

1について

　本問の記述のとおりであり，器械高，反射鏡高および目標高は観測者がセンチメートル単位まで測定して入力を行うが，観測値は自動的にデータコレクタに記録される。したがって，本問の記述は正しい。

2について

　データコレクタに記録された観測データは，データの保存を図るため，すみやかにコピーを作るか，

またはパソコンその他へ転送記憶させるようにした方がよい。したがって，本問の記述は正しい。

3について

　トータルステーション等による基準面上の距離の計算は，楕円体高を用いる。なお，楕円体高は，標高とジオイド高から求めるものとする。

　また，3級および4級基準点測量は，基準面上の距離の計算は楕円体高に代えて標高を用いることができる。したがって，本問の記述は誤りである。

4について

　トータルステーションを使用する場合は，水平角観測，鉛直角観測および距離測定は，1視準で同時に行うことを原則としている。したがって，本問の記述は正しい。

5について

　トータルステーションを使用した場合で，水平角観測の必要対回数に合わせ，取得された鉛直角観測値および距離測定値は，すべて採用し，その平均値を用いることができる。したがって，本問の記述は正しい。

3　トランジット等を用いた観測方法

■正解■　4

■解説■

　セオドライト・光波測距儀・トータルステーション（以下TSと略記する）を用いた，1，2級基準点測量の観測については，下記のように規定されている。

1．器械高，反射鏡高及び目標高は，cmまで測定する。

2．TS等の観測については，下記のとおりである。

　　1）TSを使用する場合は，水平角観測，鉛直角観測，距離測定は，1視準で同時に行うことを原則とする。

　　2）水平角観測は，1視準1読定，望遠鏡正および反の観測を1対回とし，1級基準点測量，2級基準点測量のうち，1級TSを用いる場合は2対回の観測，また，2級基準点測量のうち，2級TSを用いる場合は3対回の観測とする。

　　3）鉛直角観測は，1視準1読定，望遠鏡正および反の観測を1対回とし，1，2級基準点測量においては，1対回の観測とする。

　　4）距離測定は，1視準2読定を1セットとし，基準点測量は，すべて2セットの観測とし，読定単位もすべてmmである。

　　5）距離測定にともなう気象（気温および気圧）観測は，下記のとおりである。

　　　ⅰ）TSまたは光波測距儀を整置した測点（観測点）で行う。

　　　ⅱ）気温，気圧の測定は，距離測定の開始直前または終了直後に行う。

　　6）水平角の観測において，1組の観測方向数は，5方向以下とする。

　　したがって，距離測定は1視準2読定を1セットとしなければならず，4が誤りである。

4　トータルステーションを用いた方向法観測野帳

■**正解**■　5

■**解説**■

1．倍角

　　1対回目の番号2：$59'' + 58'' = 117''$

　　2対回目の番号2：$\underline{62''} + 59'' = 121''$

　　$\quad\quad\quad\quad\quad\quad\lower{\hookrightarrow 316° \ 46' \ 2'' = 316° \ 45' \ 62''}$　$\left(\begin{array}{l}\text{倍角・較差ともに，分が異なる場合は，各対回ごとの同}\\\text{一視準点に対する分をすべて同じにしなければならない}\end{array}\right)$

2．較差

　　1対回目の番号2：$59'' - 58'' = 1''$

　　2対回目の番号2：$62'' - 59'' = 3''$

3．倍角差

　　番号2：$121'' - 117'' = 4''$

4．観測差

　　番号2：$3'' - 1'' = 2''$

5．高度定数（K）

　$K = (望遠鏡正の観測値) + (望遠鏡反の観測値) - 360°$

　　1）名称303の高度定数（K）

　　　　$K = 91° \ 47' \ 48'' + 268° \ 12' \ 16'' - 360° = 4''$

　　2）名称(2)の高度定数（K）

　　　　$K = 91° \ 55' \ 48'' + 268° \ 4' \ 20'' - 360° = 8''$

6．高度定数較差（K′）

　$K' = (高度定数の最大値) - (高度定数の最小値)$

　　　$= 8'' - 4'' = 4''$

したがって，5が正しい組合せである。

5　トータルステーションを用いた標高計算

■**正解**■　3

■**解説**■

既知点Bに器械をすえつけての観測であるので，両差は正の補正になることに注意する。

図1において

　　$\sin 5° \ 00' \ 00'' = \dfrac{h}{D} = \dfrac{h}{1500.00}$

　　　　$h = 1500.00 \sin 5° \ 00' \ 00''$

　　　　　$= 1500.00 \times 0.08716$

　　　　　$= 130.74 \ [\text{m}]$

したがって，

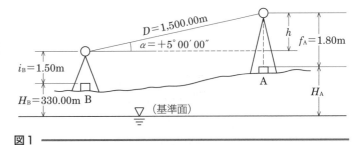

図1

$H_\mathrm{A} = H_\mathrm{B} + i_\mathrm{B} + h - f_\mathrm{A} + 0.15$

$\qquad = 330.00 + 1.50 + 130.74 - 1.80 + 0.15$

$\qquad = 460.59 \, [\mathrm{m}]$

一口アドバイス

　三角関数の間違いに気をつけましょう。sin を cos と間違って計算を
進めたら，そのときの答が解答欄にある場合が比較的多いので要注意！

第3章 トラバース測量

1 トラバース測量の性質

■**正解**■　2

■**解説**■

1について

　多角路線とは，基準点および節点を順次結んでできる一連の測線をいう。また，路線図形は，1～2級基準点測量においては，精度の面からも，新点は，両既知点を結ぶ直線から両側40°以下の地域内に選点することを原則とし，路線の中の挟 角（二つの測線にはさまれた角）は，60°以上を原則とし，できるだけ直線状にした方がよい。したがって，本問の記述は正しい。

関連事項

節点について

　節点とは，地形，地物等の障害により，となり合う基準点間を直接に観測できないため，やむを得ずその2点間に仮に設ける中継ぎの観測点をいう。

2について

　路線長が長くなれば，それにつれて角誤差，測距誤差の累積による位置の誤差が増大するので，精度を保つ上からも，基準点測量の種類によって一定の制限を設けている。したがって，本問の記述は誤りである。

3について

　路線の辺数と節点間の距離は，精度上相対的な関係にあるので，つとめて，等しい長さにすることが必要である。したがって，本問の記述は正しい。

4について

　測距と測角の精度がつり合うよう機器や観測方法を選択することは，測距・測角の両面においてバランスのとれた，精度の高い測量結果を得る上においても大切なことである。したがって，本問の記述は正しい。

5について

　本問の記述のとおりであり，また，両端の既知点の少なくとも1点において，方向角の取りつけ観測を行う。したがって，本問の記述は正しい。

関連事項

　多角測量方式とは，既に設置された基準点（既知点）および水準点に基づいて，多角測量により必要な基準点（新点）の水平位置および標高を定める方法であり，下記のような方式がある。

1．**単路線方式（図1）**

　本問の記述のとおりであり，3～4級基準点測量は，原

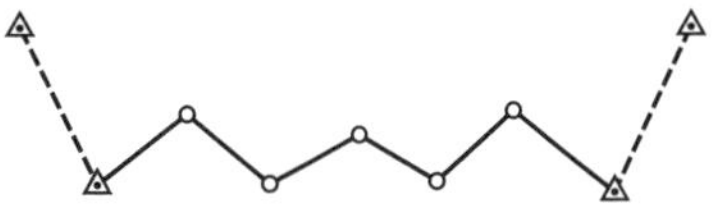

図1

則として，結合多角方式，または単路線方式により行うものとする。

2．結合多角方式（図2）

　結合多角方式とは，図2のように，多角路線の任意の集合により形成されるさまざまな図形が混在する多角網によるほか，X，Y，A型などの定型の網による測量方式をいい，多角方式としては，一般に多く用いられている方法である。1～2級基準点測量は，原則として，結合多角方式により行うものとする。

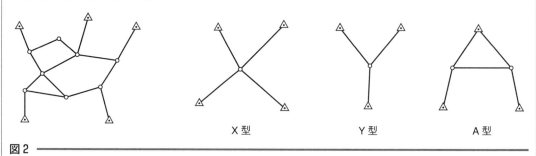

X型　　　　Y型　　　　A型

図2

　　　（注）　上図において，互いに異なる既知点等から3路線以上が交わる点を交点という。

3．閉合多角方式（図3）

　2個以上の単位多角形（閉合多角形）により形成される図形による多角方式をいう。

　この方式は，観測値のみによって，その観測の良否が点検できるという利点をもっているが，反面，作業量が増加することもあるため，公共測量作業規程では，原則として，結合多角方式，または単路線方式としている。

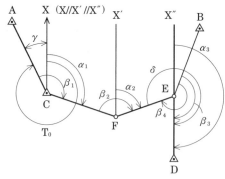

図3

2　トラバース測量における方向角の計算

■正解■　2

■解説■

　図4において，C→F，F→E，E→Dの方向角をそれぞれ α_1, α_2, α_3 とすると

$\gamma = 360° - T_0 = 360° - 332° 15′ 10″$

　$= 27° 44′ 50″$

$\alpha_1 = \beta_1 - \gamma = 136° 55′ 15″ - 27° 44′ 50″$

　$= 109° 10′ 25″$

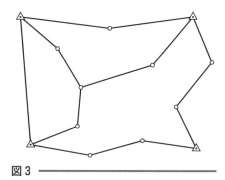

図4

$\alpha_2 = \alpha_1 + \beta_2 - 180° = 109°\ 10'\ 25'' + 139°\ 23'\ 40'' - 180°$

$\quad = 68°\ 34'\ 05''$

$\delta\ = 360° - \beta_4 + \beta_3\ \text{より}$

$\quad = 360° - 227°\ 05'\ 10'' + 155°\ 00'\ 10''$

$\quad = 287°\ 55'\ 00''$

$\alpha_3 = \alpha_2 + \delta - 180°$

$\quad = 68°\ 34'\ 05'' + 287°\ 55'\ 00'' - 180°$

$\quad = 176°\ 29'\ 05''$

関連事項

　トラバース測量によく用いられている，種々の角について述べておく（図5参照）。

1．方向角（α）

　測点Aにおいて，座標帯の縦軸に平行線（X_1）を引き，X_1より右回り（時計回り）に測定した測点Bまでの水平角αを，測点Aにおける測点Bへの，または測線ABの方向角という。

2．方位角（β）

　測点Aにおいて，真北の方向から右回りに測定した測点Bまでの水平角βを，測点Aから測点Bへの，または測線ABの方位角という。

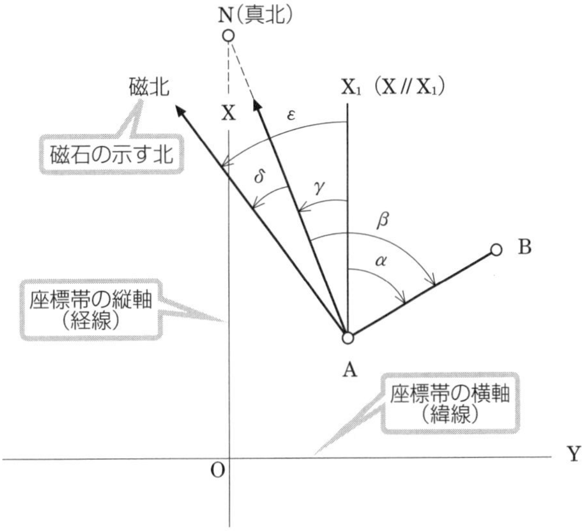

図5

3．真北方向角（γ）

　真北方向角は，子午線収差ともいわれているが，X_1軸と真北方向とのなす角γを，A点における真北方向角という。

　真北方向角は，X_1軸に関して右側（時計回り）に生ずる場合には正（＋）の角とし，逆に左側（反時計回り）に生ずる場合には負（－）の角とする。

4．磁気偏角（δ）

　磁気偏角は，単に偏角ともいわれているが，磁北（磁石が示す北）と真北とは一致せず，ある角度をもっており，この角度δを磁気偏角（偏角）という。

5．磁針定数（ε）

　X_1軸と磁北とのなす角（ε）を磁針定数という。磁針定数は，X_1軸より右側（時計回り）に生ずる角を正（＋），逆に左側（反時計回り）に生ずる角を負（－）とする。

■正解■　　3

■解説■

　トラバース測量の精度は，閉合比（R）で表され，R は下式より求められる。

$$\text{閉合比}（R）=\frac{\sqrt{（\text{X座標の閉合差}）^2+（\text{Y座標の閉合差}）^2}}{\text{全路線長}}$$

（注）　閉合比は，ふつう分子を 1 にして表す。

$$R=\frac{\sqrt{（+0.15）^2+（+0.20）^2}}{2,450.00}=\frac{0.25}{2,450.00}$$

分子，分母を 0.25 で割って

$$R=\frac{1}{9,800}$$

<table>
<tr><td>

一口アドバイス

　士補試験は，計算をすべて手計算でしなければなりません。ふだん電卓等を使って計算していますので，手計算には非常に抵抗があります。

　面倒がらずに計算は手計算で，検算等には電卓を，という習慣を身につけましょう。

</td></tr>
</table>

第4章 細部測量

1　細部測量の性質

■正解■　4

■解説■

1について

　TS による地形，地物等の水平位置，および標高の測定には，放射法が用いられることが多いが，他にも支距法，前方交会法等も用いられる。したがって，本問の記述は正しい。

2，3について

　本問の記述のように，建物など直線で囲まれている地物を測定する場合にはかどを，また，道路や河川などの曲線部分を測定する場合には，曲線の始点，終点，および変曲点を測定することによって，位置の精度が確保できる。したがって，本問の記述は正しい。

4について

　TS は，GPS と異なり，目標物との視通がなければ，測距や測角はできない。したがって，本問の記述は誤りである。

5について

　測定した座標値等には，原則として，その属性（そのもののもっている特徴や性質）を表すための分類コード（道路・河川・建物など個別に…）を付与するものとする。したがって，本問の記述は正しい。

2　細部測量の性質

■正解■　2

■解説■

1について

　TS を用いた細部測量とは，基準点または TS 等を用いて求めた点（TS 点という）に TS を整置し，地形，地物等を測定して，地形図等の作成に必要な数値データを取得する作業をいう。したがって，本問の記述は正しい。

2について

　TS を用いた細部測量は，オンライン方式，またはオフライン方式のいずれかの方法によるものとする。

　オンライン方式とは，携帯型パーソナルコンピュータの図形処理機能を用いて，図形表示しながら測定および編集までを現地で直接行うものをいう。

　また，オフライン方式とは，現地でデータ取得のみを行い，その後，取り込んだデータコレクタ内のデータを図形編集装置に入力し，図形処理するものをいう。

　オフライン方式の場合には，現地でデータ取得のみを行い，その後，室内で測定位置確認資料を用いて編集を行うため，補備測量により，必要部分の補完をする必要がある。

オンライン方式では，現地において編集をほぼ終了しており，編集した図形の点検を行って，補備測量に該当する項目がない場合は，補備測量を省略することができる。したがって，本問の記述は誤りである。

3，4，5について

本問の記述のとおりであるが，地形，地物の測定では，TS の特性を活かして，放射法，支距法，および前方交会法を選択するほか，他の有効な測定法を図形処理技術と合わせて用いることができる。

3　細部測量の性質

■正解■　2

■解説■

1について

TS を用いた細部測量において，放射法を用いる場合は，目標物の位置を決定するために，距離と方向が必ず必要である。したがって，本問の記述は正しい。

2について

目標物までの距離が長くなると，それに伴い，視準誤差や気差等も大きくなり精度は低下する。したがって，本問の記述は誤りである。

3について

GPS 測量機を用いる場合，悪天候（台風，大雨等）を除いては，天候に左右されず作業を行うことができる。したがって，本問の記述は正しい。

4について

GPS 測量は，人工衛星から電波を受信して行う測量であるので，測点間の視通は必要ない。したがって，本問の記述は正しい。

5について

上空視界が確保できない場合，衛星が片寄った配置での観測になったりして，精度を低下させる原因になる。したがって，本問の記述は正しい。

4　細部測量の性質

■正解■　5

■解説■

1について

細部測量とは，地形，地物等の数値地形図データを細部にわたって取得することをいい，基準点または TS 点（TS 等を用いて求めた点）から放射法で直接地形，地物等を測定することを原則としている。ただし，現地の状況によりやむを得ない場合は，支距法も可とされている。したがって，本問の記述は正しい。

2について

本問の記述のとおりであり，TS 点は，基準点に観測機器を整置して放射法により設置し，または

TS 点に TS を整置して後方交会法により設置するものとする。

3，4について

　RTK-GPS 観測では，GPS 衛星からの電波を用いるため，天候に左右されず，また，地形・地物の水平位置も，トータルステーションと異なり，基準点と観測点間の視通がなくても求めることができる。したがって，本問の記述は正しい。

5について

　RTK-GPS 観測やネットワーク型 RTK-GPS 観測においては，最初に既知点と観測点間において，初期化（搬送波の正しい波数を確定〈これを整数値バイアスの確定という〉する作業）の観測を 2 セット行い，セット間較差が許容制限内にあることを確認してから細部測量を行わなければならない。また，観測点を移動中に，障害物で衛星からの電波が遮られた場合には，次の観測点で再初期化を行わなければならない。したがって，本問の記述は誤りである。

第5章 水準測量

1　水準測量の誤差

■**正解**■　1

■**解説**■

1について

　標尺の零点誤差（零目盛誤差）は，標尺の底面が摩耗や変形している場合，標尺の零目盛が正しく0でないために生ずる誤差で，これを消去するには，出発点に立てた標尺が到着点に立つように，レベルのすえつけを偶数回にして観測すればよい。したがって，本問の記述は誤りである。

2について

　鉛直軸誤差は，気泡管軸と鉛直軸が直交しないために生ずる誤差で，観測方法では消去できないが，本問の記述のような方法で小さくすることができる。したがって，本問の記述は正しい。

3について

　本問の記述のとおりであるが，その理由は，地表面に近いほど大気密度が大きくなり，そのため屈折量も大きくなるからである。

4について

　本問の記述のとおりである。

5について

　後視と前視の標尺の傾きが同じで，同一器械を用いて，同一の状態で観測したとするならば，標尺の傾きによる誤差は，高低差の大きさに比例する。したがって，本問の記述は正しい。

関連事項

　視準軸誤差（望遠鏡の視準軸と気泡管軸が水平でないために生ずる誤差），および球差（地球の表面はある曲率をもっており，レベルの視準線を水平にして観測したときに高低差に生ずる誤差）は，レベルから，前視・後視の視準距離を等しくすることにより消去できる。

2　水準測量の性質

■**正解**■　2

■**解説**■

1について

　機器の調整不備による観測誤差を除くため，観測着手前および観測期間中少なくとも10日ごとに運用基準に示された点検調整を行い，その結果をその都度観測手簿に記録しておく。したがって，本問の記述は正しい。

2について

　視準距離を長くすると，器械のすえつけ回数や視準回数などが少なくなり，作業は敏速で能率もよいが，逆に器械の調整の不完全や気象条件等による誤差が大きくなる。作業規程の準則では，1級水

準測量の最大視準距離は 50 m，2 級水準測量のそれは 60 m となっている。したがって，本問の記述は誤りである。

3 について

観測に作為がないことが明らかであるように，手簿に記入した読定値は絶対に訂正してはならない。誤記，誤読の場合には，その数値の個数にかかわらずその測点の観測そのものを全部やり直し，その結果を次の欄に記入する。したがって本問の記述は正しい。

4 について

気泡管レベルを用いて 1 〜 2 級水準測量を行う場合に，主気泡管の不等膨張等による視準誤差を防ぐため，レベル覆と洋傘によりレベルに直射日光が当たらないようにする。自動レベルの場合は，コンペンセータを用いているため，これらを省略できるが，電子レベルについては，自動レベルと同様にコンペンセータを用いているが，電子部分を使用しているため，内部の温度上昇を防ぐ意味から，レベル覆が必要である。したがって，本問の記述は正しい。

5 について

本問の記述のとおりであり，正しい。

3　水準測量の性質

■正解■　5
■解説■

1 について

永久標識を埋設した場合には，その安定性を考慮し，通常は，埋設後 1 週間程経過してから行うのが望ましいが，やむを得ない場合であっても 24 時間以上経過してから行う。したがって，本問の記述は正しい。

2 について

手簿（野帳）に記入した読定値および水準測量用電卓に入力したデータは，訂正してはならない。これは観測に作為がないことを明らかにするためである。誤記，誤読等の場合は，1 測点全部を再観測し，次の欄に記入する。したがって，本問の記述は正しい。

3 について

標尺の地表面に近い部分の視準を避けるのは，大気による屈折（レフラクション）誤差の影響を少なくするためである。これは，地表面に近いほど大気密度が大きくなり，屈折量が大きくなるからである。

参考までに，1 級水準測量においては，標尺の下方 20 cm 以下を読定しないと決められている。したがって，本問の記述は正しい。

4 について

1 級標尺はインバール標尺が用いられているが，インバール標尺は，下端は研磨された鋼製の底部に固定され，上端はスプリングにより一定の張力（10 kg，または 20 kg）で引っ張られている。したがって，スプリングの張力変化などにより目盛誤差が変化するため，定期的に検定を行わなければな

らない（有効期間は，レベルは1年，標尺は3年）。したがって，本問の記述は正しい。

5について

観測によって得られた高低差に含まれる誤差[m]は下式で求まる。

$$m = \pm k\sqrt{L}$$

ただし，k：単位距離（1km）の平均二乗誤差

L：2つの水準点間距離（km単位）

したがって，高低差に含まれる誤差は，観測距離の平方根に比例する。したがって，本問の記述は誤りである。

4　水準測量の性質

■正解■　3

■解説■

1について

三脚の沈下，すなわちレベルの沈下による誤差は，標尺を後視（左目盛）→前視（左目盛）→前視（右目盛）→後視（右目盛）の順に読み取ることにより，小さくすることができる。したがって，本問の記述は正しい。

2について

本問の記述のとおりであり，その理由は，地表面に近いほど大気密度が大きくなり，そのため屈折量も大きくなるからである。したがって，本問の記述は正しい。

3について

標尺補正量（ΔC）は下式より求まる。

$$\Delta C = \{C_0 + (T - T_0) \cdot \alpha\} \cdot \Delta h$$

ただし　C_0：基準温度における標尺定数

T：観測時の測定温度

T_0：基準温度

α：膨張係数

Δh：往復観測の平均値（高低差）

したがって，本問の記述は誤りである。

4について

楕円補正（K）は下式より求まる。

$$K = 5.29 \cdot \sin(B_1 + B_2) \cdot \frac{(B_1 - B_2)}{\rho'} \cdot H$$

ただし　B_1, B_2：出発点および終末点の緯度（分単位）

H：水準路線の平均標高（m単位）

ρ'：3437.747′

したがって，本問の記述は正しい。

5について

　電子レベルは，電子レベル専用標尺に刻まれたパターンを観測者の目の代わりとなる検出器で認識し，電子画像処理し，電子レベル内に入力されているパターンとの相関（比較）を行い，高さおよび距離を自動的に読み取るものである。したがって，本問の記述は正しい。

5　水準測量の性質

■正解■　2

■解説■

1について

　新設点の観測は，埋設した標識が安定状態になってから行う。通常は，埋設後1週間程度経過してから行うのが望ましい。やむを得ない場合であっても24時間以上経過してから行う。したがって，本問の記述は正しい。

2について

　標尺は2本1組として番号（Ⅰ号およびⅡ号）を付し，往と復の観測ではⅠとⅡを交換する。これは，2本の標尺の目盛誤差の差によって生じる系統的誤差を消去するためである。したがって，本問の記述は誤りである。

3について

　本問の記述のとおりであり，温度測定は，標尺目盛の温度補正を正確に行うため，特に，高低差が大きな水準点間の場合，温度計を十分に野外にさらしてから気温測定をすることが必要である。

　また，標尺の読取り単位は0.1mmと規定されている。

4について

　水準点から固定点，固定点から固定点等の往と復の測点数は偶数とする。これは，標尺の零点誤差（零目盛の位置の誤差）等を消去するためである。したがって，本問の記述は正しい。

5について

　視準距離は，スタジア線または測定ボタンでメートル単位に測定する。両標尺までの視準距離を等しくし，レベルを両標尺を結ぶ直線上に整置する。これは，地球が球状であるためから生ずる誤差および視準線誤差を防ぐためである。したがって，本問の記述は正しい。

6　電子レベルとバーコード標尺の性質

■正解■　3

■解説■

1について

　日よけ傘を使用し，直射日光が当たらないようにして観測する必要があるのはレベルであり，バーコード標尺はその必要はない。したがって，本問の記述は誤りである。

2について

　電子レベルは，バーコード目盛を読み取ることはできるが，標尺の傾きは，バーコードから読み取

ることはできない。したがって，本問の記述は誤りである。

3について

　自動レベル，電子レベルは，円形気泡管および視準線の点検調整ならびにコンペンセータの点検をしなければならない。したがって，本問の記述は正しい。

4について

　バーコード標尺の幾何模様は，各メーカーごとに違うため，メーカー間の互換性はない。したがって，電子レベルとバーコード標尺は，メーカーごとに一対として使用しなければならない。よって，本問の記述は誤りである。

5について

　電子レベルには温度を入力することはできない。また，標尺補正には，標尺定数補正と温度補正があるが，これらはいずれも読定の際に自動的に補正することはできない。したがって，本問の記述は誤りである。

7　電子レベルとバーコード標尺の性質

■正解■　4

■解説■

1について

　電子レベルは，コンペンセータ（自動補償装置）と高解像能力の電子画像処理機能を有している。基本的な原理は，電子レベル専用標尺に刻まれたパターンを観測者の目の代わりとなる検出器で認識し，電子画像処理し，電子レベル内に入力されているパターンとの相関（比較）を行い，高さおよび距離を自動的に読み取るものであり，観測者による個人誤差が小さくなるとともに，作業能率が向上するようになった。

　したがって，本問の記述は正しい。

2について

　点検調整は，観測着手前に下記の項目について行い，水準測量作業用電卓または観測手簿に記録する。ただし，1級および2級水準測量では，観測期間中おおむね10日ごとに行うものとする。

　1）気泡管レベルは，円形水準器および主水準器軸と視準線との平行性の点検調整を行うものとする。

　2）自動レベル，電子レベルは，円形水準器および視準線の点検調整ならびにコンペンセータの点検を行うものとする。

　3）標尺付属水準器の点検を行うものとする。

　したがって，本問の記述は正しい。

3について

　標尺付属円型水準器については，糸などの細いひもの先に小さなおもりをつけた下げ振りを正面および真横に三脚などを用いてつるし，これら2方向より標尺を見ながら標尺を正しく鉛直に立て，その状態で調整ネジにより付属水準器の気泡を中央に導くように点検調整する。したがって，本問の記

述は正しい。

4について

　1級水準測量において，標尺の下方20cm以下を読定しないのは，大気による屈折（レフラクション）誤差の影響を少なくするためである。これは，地表面に近いほど大気密度が大きくなり，屈折量が大きくなるためである。したがって，本間の記述は誤りである。

5について

　電子レベルについては，自動レベル同様にコンペンセータを用いているが，電子部品を用いているため，内部の温度上昇を防ぐ意味から，日傘等のレベル覆いが必要である。したがって，本間の記述は正しい。

8　杭打ち調整法

■正解■　2

■解説■

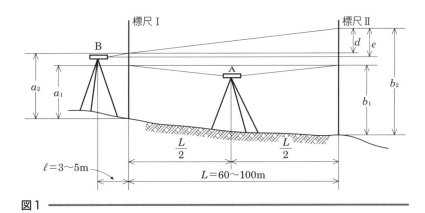

図1

図1において

$$d = (a_2 - a_1) - (b_2 - b_1)$$

$$= (1.134 - 1.289) - (1.102 - 1.245)$$

$$= -0.155 - (-0.143)$$

$$= -0.155 + 0.143$$

$$= -0.012$$

調整量eは

$$e = \frac{L + \ell}{L} \times d$$

$$= \frac{30 + 3}{30} \times (-0.012)$$

$$= -0.013$$

したがって，位置Bにおいて標尺IIの読定値(b_0)が

$b_0 = b_2 + e = 1.102 + e = 1.102 + (-0.013) = 1.089$ [m] となるように，レベルの視準線を調整する。

9　標尺補正後における観測高低差

■正解■　5

■解説■

観測高低差の値に対して，尺定数補正と温度補正を行えばよい。

標尺補正後の観測高低差を H とすると

$$H = 13.7000 + \underbrace{\left[12 \times \underbrace{\frac{1}{1,000,000}}_{1\mu = \frac{1}{1,000,000}} \times 13.7000 \right]}_{\text{（尺定数補正量）}} + \underbrace{\left[13.7000 \times 1.0 \times \underbrace{\frac{1}{1,000,000}}_{10^{-6} = \frac{1}{1,000,000}} \times (25-20) \right]}_{\text{（温度補正量）}}$$

$\fallingdotseq 13.7002$ [m]

10　水準路線の較差の許容範囲

■正解■　3

■解説■

観測区間ごとに，往復観測の較差が許容範囲を超えているか否かを計算する。なお，本問では，各区間ごとの観測距離はすべて等しいので，較差の許容範囲 (E_a) は，$E_a = 2.5\sqrt{0.5}$ となる。ここで，関数表を使用するため，式を変形し

$$E_a = 2.5 \times \sqrt{\frac{50}{100}} \fallingdotseq 2.5 \times \frac{\sqrt{50}}{\sqrt{100}} = 2.5 \times \frac{\sqrt{50}}{10} = 2.5 \times \frac{7.07107}{10} \fallingdotseq 1.77 \text{[mm]}$$

次に各区間の往復観測値の較差を計算する。

1．A～(1)区間

$|+3.2249 + (-3.2239)| = 0.001$ [m] $= 1.0$ [mm] $< E_a (= 1.77$ [mm]) ⇨再測必要なし

2．(1)～(2)区間

$|-5.6652 + (5.6655)| = 0.0003$ [m] $= 0.3$ [mm] $< E_a (= 1.77$ [mm]) ⇨再測の必要なし

3．(2)～(3)区間

$|-2.3569 + 2.3550| = 0.0019$ [m] $= 1.9$ [mm] $> E_a (= 1.77$ [mm]) ⇨再測の必要あり

4．(3)～B区間

$|+4.1023 + (-4.1034)| = 0.0011$ [m] $= 1.1$ [mm] $< E_a (= 1.77$ [mm]) ⇨再測の必要なし

したがって，(2)～(3)区間が較差の制限を超えるので，再測しなければならない。

11　往復観測値の較差の許容範囲

■**正解**■　5

■**解説**■

　下記のように，二つに分けて考えていくとよい。

1．観測区間ごとに，往復観測の較差が許容範囲を超えているか否かを計算してみる。本問では，各区間ごとの観測距離がすべて等しいので，較差の許容範囲（E_a）は

$$E_a = 2.5\sqrt{1} = 2.5 \, [\text{mm}]$$

　1)　①区間

　　往復観測値の較差 $= |-1.1675 + (+1.1640)| = 0.0035 \, [\text{m}] = 3.5 \, [\text{mm}]$

　　　　　　　　　　　　　　　　↑ 較差の大きさがわかればいいので
　　　　　　　　　　　　　　　　　絶対値記号を付して求めればよい。

　　　　往復観測値の較差（$= 3.5 \, \text{mm}$）$> E_a$ ──→ 再測の必要あり

　2)　②区間

　　往復観測値の較差 $= |+0.4721 + (-0.4751)| = 0.0030 \, [\text{m}] = 3.0 \, [\text{mm}]$

　　　　往復観測値の較差（$= 3.0 \, \text{mm}$）$> E_a$ ──→ 再測の必要あり

　3)　③区間

　　往復観測値の較差 $= |+0.2599 + (-0.2585)| = 0.0014 \, [\text{m}] = 1.4 \, [\text{mm}]$

　　　　往復観測値の較差（$= 1.4 \, \text{mm}$）$< E_a$ ──→ 再測の必要なし

　4)　④区間

　　往復観測値の較差 $= |-1.5648 + (+1.5640)| = 0.0008 \, [\text{m}] = 0.8 \, [\text{mm}]$

　　　　往復観測値の較差（$= 0.8 \, \text{mm}$）$< E_a$ ──→ 再測の必要なし

2．往方向の水準点 A から水準点 B までの高低差，復方向の水準点 B から水準点 A までの高低差をそれぞれ求め，これらを正しい高低差と比較し，往・復，両方向の全体の誤差を求める。

　　次に，往方向，復方向の全体の誤差が，許容範囲に入るか否かを計算する。

　1)　往方向

　　全体の高低差 $= (-1.1675) + (0.4721) + (0.2599) + (-1.5648) = -2.0003 \, [\text{m}]$

　　全体の較差 $= |-2.0003 - (-2.0000)| = 0.0003 \, [\text{m}] = 0.3 \, [\text{mm}]$

　　較差の許容範囲 $= 2.5\sqrt{1 \times 4} = 2.5 \times 2 = 5.0 \, [\text{mm}]$

　　　　　　　　　　　└── 4区間すべて観測距離が同じ

　　　全体の較差 $<$ 較差の許容範囲 ──→ 再測の必要なし

　2)　復方向

　　全体の高低差 $= (+1.5640) + (-0.2585) + (-0.4750) + (+1.1640) = 1.9945 \, [\text{m}]$

　　　また，水準点 B から A までの高低差は $+2.000 \, \text{m}$ となるから

　　全体の較差 $= |1.9945 - (+2.0000)| = 0.0055 \, [\text{m}] = 5.5 \, [\text{mm}]$

　　　全体の較差 $>$ 較差の許容範囲 ──→ 再測の必要あり

　したがって，再測すべきと考えられる観測区間は①，②，観測方向は復方向である。よって，5 が正解である。

12 標尺の傾斜による誤差

■正解■ 2

■解説■

水準点A，測点(2)における標尺Iの正しい読みを求め，次に，A~(1)間，(1)~(2)間の高低差を計算し，この結果より，水準点A~測点(2)までの観測高低差を求めるとよい。

図2において

$$1 : x_1 = 3 : 0.3$$

$$3x_1 = 0.3$$

$$x_1 = 0.1$$

水準点Aにおける標尺Iの正しい読みをh_1とすると

$$1^2 = x_1^2 + h_1^2$$

$$h_1^2 = 1^2 - x_1^2 = 1^2 - 0.1^2$$

$$h_1^2 = \sqrt{1^2 - 0.1^2}$$

$$h_1 = 0.995 \ [\text{m}]$$

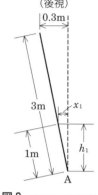

(後視)

図2

図3において

$$2 : x_2 = 3 : 0.3$$

$$3x_2 = 0.6$$

$$x_2 = 0.2$$

測点(2)における標尺Iの正しい読みをh_2とすると

$$2^2 = x_2^2 + h_2^2$$

$$h_2^2 = 2^2 - x_2^2 = 2^2 - 0.2^2$$

$$h_2 = \sqrt{2^2 - 0.2^2}$$

$$= 1.990 \ [\text{m}]$$

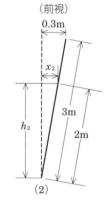

(前視)

図3

したがって，A~(1)間の正しい高低差 $(H_1) = 0.995 - 2.500 = -1.505 \ [\text{m}]$

(1)~(2)間の正しい高低差 $(H_2) = 0.500 - 1.990 = -1.490 \ [\text{m}]$

よって，水準点A~測点(2)までの正しい観測高低差 (H) は

$$H = H_1 + H_2 = (-1.505) + (-1.490)$$

$$= -2.995 \ [\text{m}]$$

一口アドバイス

　水準・基準点・地形・写真の分野は，毎年出題数も多く，士補試験の骨格をなしております。

　本書の問題を何度も繰り返し学習し，一問一問を着実に自分のものにしていきましょう！

第6章 測量の誤差

1　水平角の最確値

■**正解**■　1

■**解説**■

対回番号①の測定角

正位（ r ）60° 0′ 14″ − 0° 0′ 5″ = 60° 0′ 9″ = 59° 59′ 69″

（倍角・較差を計算するために）
（反位との分をそろえておく）

反位（ ℓ ）239° 59′ 49″ − 179° 59′ 55″ = 59° 59′ 54″

対回番号①の倍角および較差

倍角（ $r + \ell$ ）69″ + 54″ = 123″

較差（ $r − \ell$ ）69″ − 54″ = 15″

対回番号②の測定角

反位（ ℓ ）330° 1′ 18″ − 270° 1′ 13″ = 60° 0′ 5″ = 59° 59′ 65″

正位（ r ）150° 0′ 58″ − 90° 0′ 51″ = 60° 0′ 7″ = 59° 59′ 67″

度を 59° に統一する！

対回番号②の倍角および較差

倍角（ $r + \ell$ ）67″ + 65″ = 132″

較差（ $r − \ell$ ）67″ − 65″ = 2″

対回番号③の測定角

正位（ r ）60° 0′ 57″ − 0° 0′ 55″ = 60° 0′ 2″ = 59° 59′ 62″

反位（ ℓ ）240° 0′ 39″ − 180° 0′ 45″ = 59° 59′ 54″

対回番号③の倍角および較差

倍角（ $r + \ell$ ）62″ + 54″ = 116″

較差（ $r − \ell$ ）62″ − 54″ = 8″

対回番号④の測定角

反位（ ℓ ）330° 0′ 28″ − 270° 0′ 30″ = 59° 59′ 58″

正位（ r ）150° 0′ 43″ − 90° 0′ 42″ = 60° 0′ 1″ = 59° 59′ 61″

対回番号④の倍角および較差

倍角（ $r + \ell$ ）61″ + 58″ = 119″

較差（ $r − \ell$ ）61″ − 58″ = 3″

ここで，同じ輪郭（正と正，反と反）の測定値を採用できないので，①と④，②と③，③と④の3通りから選ぶことになるが，このうち，倍角差，観測差が許容範囲内に収まるのは，③と④の組合せだけである。

したがって，③，④の測値値を用いて最確値（ M ）を求めればよい。

$$M = 59° \ 59′ + \frac{62″ + 54″ + 58″ + 61″}{4}$$

$= 59° \ 59′ + 58.75″$

$≒ 59° \ 59′ \ 59″$

2 軽重率をもつ最確値

■正解■　3

■解説■

軽重率（重み，重量ともいい，測定値の信用の度合いを表す）を考えた場合の測定値の最確値（M）は，下式から求められる。

$$M = \frac{\ell_1 p_1 + \ell_2 p_2 + \cdots\cdots + \ell_n p_n}{p_1 + p_2 + \cdots\cdots + p_n}$$

ただし，ℓ_1，ℓ_2，$\cdots\cdots$，ℓ_n：測定値

p_1，p_2，$\cdots\cdots$，p_n：軽重率

本問は，軽重率が測定回数に比例する場合の問題である。

各測定日の軽重率の比は　（1日目）：（2日目）：（3日目）$= 4:6:10 = 2:3:5$

したがって，最確値（M）は

$$M = 3{,}045.6 + \frac{0.078 \times 2 + 0.084 \times 3 + 0.060 \times 5}{2+3+5} \quad ←この計算方法を覚えよう！$$

$= 3{,}045.6 + 0.071$

$= 3{,}045.671 \ [\text{m}]$

3 軽重率をもつ最確値

■正解■　4

■解説■

既知点 A，B，C，D から求めた水準点 E の標高 $H_{A→E}$，$H_{B→E}$，$H_{C→E}$，$H_{D→E}$ は

$H_{A→E} = 5.153 - 2.139 = 3.014 [\text{m}]$

$H_{B→E} = 3.672 - 0.688 = 2.984 [\text{m}]$

$H_{C→E} = 6.074 - 3.069 = 3.005 [\text{m}]$
　$\left. \right\}$ 路線の矢印の向きと，観測高低差の符号の関係に気をつけよう！
$H_{D→E} = 1.290 + 1.711 = 3.001 [\text{m}]$

各路線の軽重率の比は　$(A→E):(B→E):(E→C):(E→D) = \dfrac{1}{2}:\dfrac{1}{3}:\dfrac{1}{1}:\dfrac{1}{2} = 3:2:6:3$

したがって，新点 E の標高の最確値（M_E）は

$$M_E = \frac{3.014 \times 3 + 2.984 \times 2 + 3.005 \times 6 + 3.001 \times 3}{3+2+6+3}$$

$= 3.003 [\text{m}]$

4　最確値の標準偏差

■**正解**■　2

■**解説**■

　標準偏差は，平均二乗誤差，あるいは中等誤差ともいわれているが，最確値の標準偏差 m_0 は，下式より求めることができる。

$$m_0 = \pm \sqrt{\frac{[v \cdot v]}{n(n-1)}}$$

ただし，$[v \cdot v]$：各測定値の残差（v）の２乗の総和

n：観測値の数

計算を簡略化するために，各観測結果の度，分をそろえる。

$150°\ 00'\ 07'' = 149°\ 60'\ 07'' = 149°\ 59'\ 67''$

$150°\ 00'\ 05'' = 149°\ 60'\ 05'' = 149°\ 59'\ 65''$

$150°\ 00'\ 13'' = 149°\ 60'\ 13'' = 149°\ 59'\ 73''$

最確値の標準偏差は，下記の順序で求めるとよい。

1．最確値（M）を求める。

　最確値は，各回の測定値の平均で求められる。

$$M = 149°\ 59' + \frac{67'' + 59'' + 56'' + 65'' + 73''}{5}$$

$$= 149°\ 59' + 64''$$

$$= 149°\ 59'\ 64''$$

2．各測定値の残差（v）を下式より計算する。

　残差＝測定値－最確値

1回目の残差（v_1）$= 149°\ 59'\ 67'' (150°\ 00'\ 07'') - 149°\ 59'\ 64'' = +3''$

2回目の残差（v_2）$= 149°\ 59'\ 59'' - 149°\ 59'\ 64'' = -5''$

3回目の残差 $= 149°\ 59'\ 56'' - 149°\ 59'\ 64'' = -8''$

4回目の残差 $= 149°\ 59'\ 65'' (150°\ 00'\ 05'') - 149°\ 59'\ 64'' = +1''$

5回目の残差 $= 149°\ 59'\ 73'' (150°\ 00'\ 13'') - 149°\ 59'\ 64'' = +9''$

3．各測定値の残差の２乗の和 $[v \cdot v]$ を計算する。

$$[v \cdot v] = (+3)^2 + (-5)^2 + (-8)^2 + (+1)^2 + (+9)^2$$

$$= 180（秒^2）$$

　したがって，最確値の標準偏差（m_0）は

$$m_0 = \pm \sqrt{\frac{180}{5 \times (5-1)}}$$

$$= \pm \sqrt{9} = \pm 3\,[秒]$$

> ### 一口アドバイス
>
> 　「測量の誤差」は，「面積・体積」，「河川」とともに問題が割合固定化されており，出題数も少なく，解答のしやすい分野である。
>
> 　取りこぼしのないようにしよう！

第7章 面積・体積

1 境界線の整形

■正解■　2

■解説■

図1において

$$\angle CBD = 180° - 120° = 60°$$

△BCD において，$\angle BCD = 30°$，$\angle CBD = 60°$ より

$$\angle BDC = 180° - 30° - 60° = 90° \ となり，△BCD は，$$

直角三角形となる。

したがって，

$$\sin 30° = \frac{\overline{BD}}{\overline{BC}}$$

$$\overline{BD} = \overline{BC} \times \sin 30°$$

$$= 30.000 \times 0.50000$$

$$= 15.000 \ [m]$$

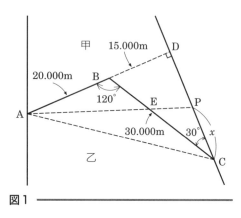

図1

　整形後も甲，乙の土地の面積に変化がないとしたならば，△ABC の面積 (S_1) と△PCA の面積 (S_2) が等しくなければならない。

> （注）　整形にともない，甲，乙それぞれの減少した面積を考えてみると，△EPC は，甲の減少分となり，△ABE は，乙の減少分となる。したがって，これらは等しくならなければならず，また，△ACE を共通部分と考えると，$S_1 = S_2$ が成り立つ。

図2において，三角形 ABC の面積を S とすると，下式が成り立つ。

$$S = \frac{1}{2}bc\sin A = \frac{1}{2}ca\sin B = \frac{1}{2}ab\sin C$$

したがって，

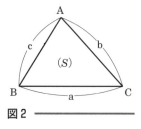

図2

$$S_1 = \frac{1}{2} \times 20.000 \times 30.000 \times \underline{\sin 120°}$$

$$\qquad\qquad\qquad \rule{0pt}{1pt} \sin(180° - 60°) = \sin 60°$$

$$= \frac{1}{2} \times 20.000 \times 30.000 \times 0.86603 = 259.809 \ [m^2]$$

$$S_2 = \frac{1}{2} \times x \times (20.000 + 15.000) = 17.5x \ [m^2]$$

ここで，$S_1 = S_2$ より

$$17.5x = 259.809$$

よって

$$x = \frac{259.809}{17.5} = 14.846 \ [m]$$

2 境界線の整形

■正解■　3

■解説■

五角形 ABCDE の土地の面積（S_1）を座標法によって求めると

$$S_1 = \frac{1}{2}\{11.220 \times (12.400 - 47.400) + 41.220 \times (37.400 - 12.400) + 61.220 \times (57.400 - 12.400)$$

$$+ 26.220 \times (47.400 - 37.400) + 11.220 \times (12.400 - 57.400)\}$$

$$= 1575.000\,(\mathrm{m}^2)$$

整形後の長方形 AFGE の面積（S_2）とすると，S_1とS_2は等しくならなければならない。

ここで，EG の距離を$x[\mathrm{m}]$とすると

$$S_2 = \overline{\mathrm{AE}} \times \overline{\mathrm{EG}} = (47.400 - 12.400)x$$

$$= 35.000x$$

$S_1 = S_2$より

$$1575.000 = 35.000x$$

$$x = 45.000$$

よって，点 G の X 座標（G_X）は，点 A の X 座標にxを加えればよい。

$$G_X = 11.220 + 45.000$$

$$= 56.220[\mathrm{m}]$$

3 境界線の整形

■正解■　4

■解説■

図 3 のように，A〜E までの境界点の座標が既知のとき，その土地の面積Sは下式で求めることができる。

$$S = \frac{1}{2}\left| x_1(y_2 - y_5) + x_2(y_3 - y_1) + x_3(y_4 - y_2) \right.$$

$$\left. + x_4(y_5 - y_3) + x_5(y_1 - y_4) \right|$$

土地 ABCDE の面積をS_1とすると

$$x_1(y_2 - y_5) = -11.520 \times (-28.650 - 15.350)$$

$$= 506.880$$

$$x_2(y_3 - y_1) = 35.480 \times \{3.350 - (-28.650)\}$$

$$= 1,135.360$$

$$x_3(y_4 - y_2) = 26.480 \times \{19.350 - (-28.650)\}$$

$$= 1,271.040$$

$$x_4(y_5 - y_3) = 6.480 \times (15.350 - 3.350)$$

$$= 77.760$$

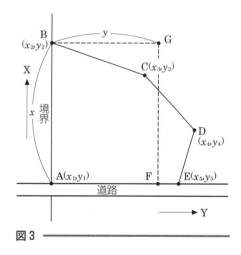

図 3

$$x_5(y_1-y_4) = -11.520 \times (-28.650 - 19.350)$$
$$= 552.960$$

したがって，S_1 は

$$S_1 = \frac{1}{2}\Big|506.880 + 1{,}135.360 + 1{,}271.040 + 77.760 + 552.960\Big|$$

$$= 1{,}772.000\,[\mathrm{m^2}]$$

整形後の長方形の面積を S_2 とすると，$x = 35.480 - (-11.520) = 47.000$ より

$$S_2 = xy = 47.000y$$

ここで $S_1 = S_2$ であるので

$$1772.000 = 47.000y$$

$$y = 37.702\,[\mathrm{m}]$$

よって，境界点 G の Y 座標 $\mathrm{Y_G}$ は

$$\mathrm{Y_G} = y_1 + y$$

$$= -28.650 + 37.702$$

$$= 9.052\,[\mathrm{m}]$$

4　座標法による面積計算

■正解■　3

■解説■

図 4 において，境界点 A，B，C，D の座標をそれぞれ $(x_1,\ y_1)$，$(x_2,\ y_2)$，$(x_3,\ y_3)$，$(x_4,\ y_4)$ とすると，面積 (S) は下式で求められる。

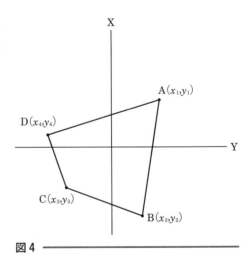

図4

$$S = \left|\frac{1}{2}\{x_1(y_2-y_4) + x_2(y_3-y_1) + x_3(y_4-y_2) + x_4(y_1-y_3)\}\right|$$

$$x_1(y_2-y_4) = 25.000 \times \{12.000 - (-40.000)\}$$
$$= 1{,}300.000\,[\mathrm{m^2}]$$

$$x_2(y_3-y_1) = (-40.000) \times (-25.000 - 25.000)$$
$$= 2{,}000.000\,[\mathrm{m^2}]$$

$$x_3(y_4-y_2) = (-28.000) \times (-40.000 - 12.000)$$
$$= 1{,}456.000\,[\mathrm{m^2}]$$

$$x_4(y_1-y_3) = 5.000 \times \{25.000 - (-25.000)\}$$
$$= 250.000\,[\mathrm{m^2}]$$

したがって，面積 (S) は

$$S = \left|\frac{1}{2}(1{,}300.000 + 2{,}000.000 + 1{,}456.000 + 250.000)\right|$$

$$= 2{,}503\,[\mathrm{m^2}]$$

5　座標法による面積計算

■正解■　3

■解説■

図5において，A，C間の距離（L）は，三平方の定理より

$$L = \sqrt{(20.957 - 0.957)^2 + (13.548 - 3.548)^2}$$

$$= \sqrt{500} = 10\sqrt{5}$$

$$= 10 \times 2.24$$

$$= 22.4 \, [\text{m}]$$

また，A，B，Cの座標値を用いて，三角形A，B，Cの面積（S）を求めると，

$$S = \frac{1}{2}\Big\{3.548 \times (10.957 - 20.957)$$

$$+ 23.548 \times (20.957 - 0.957)$$

$$+ 13.548 \times (0.957 - 10.957)\Big\}$$

$$= 150.0 \, [\text{m}^2]$$

したがって，求める垂線長（h）は

$$S = L \times h \times \frac{1}{2} \text{より}$$

$$h = \frac{2S}{L} = \frac{2 \times 150.0}{22.4}$$

$$\fallingdotseq 13.4 \, [\text{m}]$$

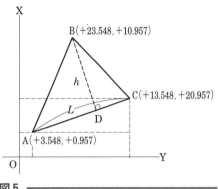

図5

6　土地の面積計算

■正解■　2

■解説■

図6において，三角形 ABC の面積（S）は，四角形 ABPC の面積（S_1）から，三角形 BPC の面積（S_2）を差し引いたものである。

∠APC = 360° − 300° = 60° より

$$\sin 60° = \frac{y_1}{24.000}$$

$$y_1 = 24.000 \times \sin 60° = 24.000 \times 0.86603$$

$$= 20.785 \, [\text{m}]$$

$$\sin 30° = \frac{y_2}{32.000}$$

$$y_2 = 32.000 \times \sin 30° = 32.000 \times 0.50000$$

$$= 16.000 \, [\text{m}]$$

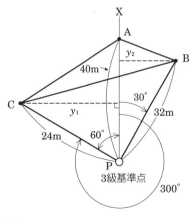

図6

$$S_1 = (三角形APC) + (三角形ABP)$$

$$= 40.000 \times y_1 \times \frac{1}{2} + 40.000 \times y_2 \times \frac{1}{2}$$

$$= 40.000 \times 20.785 \times \frac{1}{2} + 40.000 \times 16.000 \times \frac{1}{2}$$

$$= 735.7 \ [\mathrm{m}^2]$$

三角形BPC は，∠P（30°＋60°＝90°）を直角とする，直角三角形となるので

$$S_2 = 24.000 \times 32.000 \times \frac{1}{2} = 384.0 \ [\mathrm{m}^2]$$

よって，

$S = S_1 - S_2$ より

$S = 735.7 - 384.0$

$\quad = 351.7 \ [\mathrm{m}^2]$

（注）　本問は，Pを座標の原点とし，地点A，B，Cのそれぞれの座標値を求め，座標法によって，面積を求めてもよい。

7　点高法による体積計算

■正解■　5

■解説■

点高法は，建物敷地の地ならし，土取り場と土捨場の容積測定など，広い面積の土量の計算をするときに用いられる。

また，土量計算においては，土地を長方形に区分して求める方法と，土地を三角形に区分して求めていく方法がある。

1．土地を長方形に区分した場合

土地を区分するとき，同形の長方形に区分し，区分した一つの長方形の立体を取れば，図7のような形をしており，その四角柱の土量（V）は，下式より求めることができる。

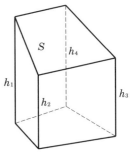

図7

$$V = \frac{S}{4}(h_1 + h_2 + h_3 + h_4)$$

S：長方形の水平面積

$h_1,\ h_2,\ h_3,\ h_4$：各点の地盤高

2．土地を三角形に区分した場合

土地を区分するとき，同形の三角形に区分し，区分した一つの三角形の立体を取れば，図8のような形をしており，その三角柱の土量（V）は，下式より求めることができる。

$$V = \frac{S}{3}(h_1 + h_2 + h_3)$$

S：三角形の水平面積

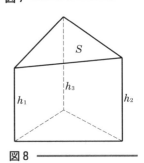

図8

h_1, h_2, h_3：各点の地盤高

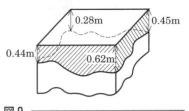

図9

本問においては，図9の斜線部の土量を点高法（長方形に区分した場合）によって求めるとよい。

また，計算を簡潔化するために，次のようにして計算を行うとよい。

1）1個の長方形だけに関係する点の地盤高（Σh_1）を求める。

$\Sigma h_1 = 0.28 + 0.45 + 0.44 + 0.62 = 1.79$ [m]

2）2個の長方形に共通する点の地盤高（Σh_2）を求める。

$\Sigma h_2 = 0.30 + 0.42 + 0.50 + 0.58 = 1.80$ [m]

3）3個の長方形に共通する点の地盤高（Σh_3）を求める。$\Sigma h_3 = 0$

4）4個の長方形に共通する点の地盤高（Σh_4）を求める。$\Sigma h_4 = 0.48$ [m]

（注）5個以上の長方形に共通する点はなし。

また，1個の長方形の面積（S）は

$S = 10 \times 20 = 200$ [m^2]

したがって，土量（V）は

$$V = \frac{S}{4}(\Sigma h_1 + 2\Sigma h_2 + 3\Sigma h_3 + 4\Sigma h_4)$$

$$= \frac{200}{4} \times (1.79 + 2 \times 1.80 + 3 \times 0 + 4 \times 0.48)$$

$$= 365.5 \ [\text{m}^3]$$

関連事項

土量を計算する方法として，点高法の他に，両端断面平均法がある。

両端断面平均法

両端断面平均法とは，細長い土地の土量の計算（道路の盛土や切土の土量計算），等高線を利用した山地の土量計算，ダムの貯水量の計算などに広く用いられている。

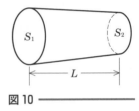

図10

図10において，両端の断面積をS_1，S_2とし，両端断面間の距離をLとしたときの土量（V）は，下式から近似的に求められる。

$$V \fallingdotseq \frac{S_1 + S_2}{2}L$$

一口アドバイス

計算問題はできたが，文章問題ができなかった……という話を，ときどき耳にします。計算問題にばかり力を入れて，全問題数の半分近くを占める文章問題をおろそかにしないこと。難しい計算問題ができて，簡単な文章問題を間違っていては何にもなりません。

第8章 基準点測量

1 基準点測量の作業

■**正解**■ 5

■**解説**■

1について

　トータルステーションは，測距，測角機能を兼ね備えており，水平角観測，鉛直角観測，距離測定を同時に行うことができる。したがって，本問の記述は正しい。

2について

　本問の記述のとおりであるが，入力の際に間違いのないようにしなければならない。

3について

　トータルステーションは，ほとんどのデータをデータコレクターに自動的に取り込むことができるが，データの保存を図るため，すみやかにコピーを作るか，またはパソコンその他へ転送記憶させるようにした方がよい。したがって，本問の記述は正しい。

4について

　観測値は観測終了と同時に，あらかじめ設定された許容範囲に基づいて，水平角に対する倍角差，観測差，鉛直角に対する高度定数差および距離の較差が点検され，データコレクターに自動的に記録されるため，観測者による観測手簿（野帳）の記入が省略される。したがって，本問の記述は正しい。

5について

　再測する場合には，再測の原因となった観測データは，そのまま保存しておかなければならない。その理由は，観測者が勝手に改ざんすることを防止するためである。したがって，本問の記述は誤りである。

2 基準点測量の作業

■**正解**■ 5

■**解説**■

1，2について

　新点は，測量区域内の測量目的に最も適するように，既知点の配点と合わせた配点密度が必要かつ十分で，おおむね均等になるように配置し，視通，後続作業における利用，永久標識の保全等を考慮して，最も適切な位置に選定する。したがって，本問の記述は正しい。

3について

　本問の記述のとおりである。

4について

　GPS測量では，GPS衛星からの電波を受信するため，電波が木の葉や枝でさえぎられると位相の積算が不連続となりサイクルスリップ（GPS衛星からの電波が受信できなくなり，観測データが欠落して位相記録が不連続になる現象をいう）を起こす原因となる。また，4衛星以上が確保されても，

片寄った方向だけの衛星の電波を使用すると，基礎解析の精度が極端に低下するため，上空視界には十分注意し選点する。

さらに，観測点の近傍にレーダー，テレビ塔，通信局等の電波源や多重反射（マルチパス）を起こすような看板，トタン屋根等の構造物の有無を調査し，障害物のないところに観測点を選点する。

また，電波塔からの強力な雑音電波がGPSアンテナに入るような場合は，受信機を破損するおそれがあるため注意が必要である。したがって，本問の記述は正しい。

5について

節点とは，地形，地物等の障害により，となり合う基準点間を直接に観測ができないため，やむを得ずその2点間に仮に設ける中継ぎの観測点をいうが，路線の辺数と節点間の距離は精度上相対的な関係にあり，つとめて等しい長さにし，節点の数は少ない方がより高精度な結果が期待できる。したがって，本問の記述は誤りである。

3 基準点測量の作業

■正解■　1

■解説■

1について

複数のGPS測量機を用いて同時に観測を行う場合は，必ず同一機種（同一メーカーの同一型番）を使用してきたが，RCV（アンテナ位相特性）補正を用いることによって，異機種間の位相を吸収できるようになってきた。したがって，GPSの受信機の機種は必ずしも同一でなくてよい。

また，アンテナ高は1mmまで正確に測定しなければならないが，アンテナ高を特別同一にする必要はない。

したがって，本問の記述は誤りである。

2について

観測距離が数km以上の距離の測量ならば2周波数型の受信機を用いた方が精度がよくなる。また，観測距離が10kmを超える場合は，節点を設けるか，1級GPS受信機（2周波を受信することが可能）により120分以上の観測を行う。したがって，本問の記述は正しい。

3について

GPS衛星は，衛星を管理するための軌道変更等を行い，観測に使用できなくなる場合もある。したがって，観測の前には，GPS衛星運用情報の確認や解析ソフトウェアに付属するプランニング用ソフトウェアで飛来情報を確認し，観測時間帯を決定しなければならない。また，このとき，衛星が天空に均等に配置されていることが重要であり，片寄った配置での使用は精度を低下させるため避けなければならない。

したがって，本問の記述は正しい。

4について

GPS観測を同一セッション（セッションとは，同時に複数のGPS受信機を用いて行う観測をいう）で行う場合には，各観測点のGPSアンテナを一定の方向（たとえば北の方向）に向けて整置する必要

がある。

　GPS アンテナは，無指向性のアンテナを使用しているため，電波の入射方向によって位相ずれが発生する。このずれの量は，極端に精度を低下させるものではないが，同機種のアンテナであれば，一方向に向けて観測することにより，位相ずれによる誤差を消去できる。GPS アンテナを向ける方向は，数度の精度で十分であり，コンパス（磁針）等を用いて整置する。したがって，本問の記述は正しい。

5 について

　GPS 測量は，人工衛星からの電波を受信して行う測量である。したがって，高圧電線の下やレーダー，通信局等の建物の付近では，強い電波が発生しており，これらの電波が妨害電波となり，人工衛星から送られてくる電波に悪影響を与え，観測精度が低下することがあるので避けなければならない。したがって，本問の記述は正しい。

4　基準点測量の作業

■正解■　4
■解説■

1 について

　作業計画の立案にあたっては，初めに，適当な縮尺の地図，空中写真等を参考にして地図上で計画する。地図上に測量地域の範囲を記入し，その地域にある既知点を調査する。次に，必要とする既知点と地形，地物および配点密度を考慮しながら，利用しやすい場所に新点の設置位置を決めてプロットし，平均計画図を作成しなければならない。したがって，本問の記述は正しい。

2 について

　選点作業は平均計画図に基づいて，現地調査および新点の設置位置を現地で検討するものであり，GPS 測量においては，新点を設置する予定位置の上空視界の状況確認などを行い，測量標の設置許可を得た上で新点の設置位置を確定し，選点図を作成する。さらに，選点図に基づいて，規定に定められている既知点数，路線の辺長，路線長などの諸条件が適合しているか否かを検討し，効率的な作業方法を選び平均図を作成する。したがって，本問の記述は正しい。

3 について

　本問の記述のとおりであり，観測図は，計画機関の承認を得た平均図に基づき作成し，観測作業に携行して観測点における観測内容に漏れがないかを点検するために使用するとともに，監督員の点検，成果検定の際にも使用される。なお，GPS 観測においては，観測図にセッション（セッションとは，同時に複数の GPS 測量機を用いて行う観測をいう）計画を記入して観測を行う。

4 について

　観測中には，アンテナの周囲に自動車等を近づけると，マルチパス（マルチパスとは，GPS 衛星から発信された電波が，建物等で反射して GPS アンテナに到着する現象）の原因やエンジンからの雑音電波により電波障害を生じる場合がある。また，無線機や携帯電話を近傍において使用すると，電波障害につながる可能性があり，それらはできる限り GPS アンテナから離れて使用しなければならない。したがって，本問の記述は誤りである。

5について

　点検計算は，観測終了後に行うものとする。ただし，許容範囲を超えた場合は，再測を行う等適切な措置を講ずるものとする。

　また，GPS観測による観測値の点検は，次のいずれかによるものとする。

　1）点検路線は，異なるセッションの組合せによる最少辺数の多角形を選定し，基線ベクトルの環閉合差を計算する方法

　2）重複する基線ベクトルの較差を比較点検する方法

　3）既知点が電子基準点のみの場合は，2点の電子基準点を結合する路線で，基線ベクトル成分の結合計算を行い点検する方法

　したがって，本問の記述は正しい。

5　基準点測量の点検計算の順序

■正解■　4

■解説■

　トータルステーションを用いた観測における現地計算は，観測値の点検計算と観測値に対する補正計算とがある。

　点検計算は，観測終了後に行い，許容範囲を超えた場合は，再測を行うか，または計画機関の指示により，適切な措置を講じなければならない。

　現地計算は複雑な計算であり，したがって，これらの計算は順序正しく行う必要がある。また，現地計算の順序は，下記のとおりである。

　1．測距，測角の器械高，目標高の不一致による高度角の補正値の計算

　2．多角路線の標高の概算および標高閉合差の点検

　3．平均海面（基準面）上の距離（球面距離）の計算，および平面直角座標面上の距離の計算

　4．偏心補正計算（水平角・距離）

　5．多角路線上の方向角の概算，および座標閉合差の点検

　6．多角路線の座標の概算，および座標閉合差の点検

　　したがって，本問は4が正解である。

6　基準点測量の作業順序

■正解■　5

■解説■

　基準点測量とは，既知点に基づき，新点である基準点の位置を定める作業をいい，その測量方式には，結合多角方式，単路線方式，閉合多角方式などがある。また，基準点測量の一般的な作業工程は，次のとおりである。

1．作業計画・準備

　作業計画は，作業規定等の一般仕様書，特記仕様書等による具体的な内容を検討して，平均計画図

を作成し，使用機器，作業期間，人員編成等を決定し作成する。

2．関係官署への手続き，および敷地所有者への立入り承諾

3．踏査・選点

　平均計画図に基づき，現地において既知点の現況を調査するとともに，新点の位置を選定し，あわせて地形，植生その他，現地の状況に応じて作業の実施方法を検討する。

4．伐採交渉および伐採

5．敷地所有者の測量標設置承諾

　計画機関が所有権または管理権を有する土地以外の土地に，永久標識を埋設しようとするときは，当該土地の所有者または管理者から建標承諾書を取得しなければならない。

6．測量標の設置

　新点等の位置に，永久標識または一時標識を設ける作業をいう。

7．観測機器の点検

　観測に使用する機器は，所定の検定を受けたものとし，適宜，点検および調整するものとする。

8．観測

　TS（データコレクタを含む），セオドライト，光波測距儀等を用いて，関係点間の水平角，鉛直角および距離等を観測する作業，およびGPS測量機を用いて，GPS衛星からの電波を受信し，位相データ等を記録する作業をいう。

9．標高の概算

　多角路線の標高の概算および標高閉合差の点検作業

10．水平位置の概算

　多角路線の座標の概算および座標位置の点検作業

11．点検測量

　測量済みの新点のうち，決められた数の新点について，交角（挟角）や測点間の距離等を測量し，最初に求めた新点の交角や距離と比較，検討するために行う測量をいう。

12．平均計算（精算）

　計算とは，新点の位置，標高およびこれらに関連する諸要素の計算を行い，成果表等を作成する作業をいい，平均計算は，最終成果を求めるために行うものである。

13．成果表の整理

　したがって，本問は5が正解である。

7　基準点測量における基線解析計算

■**正解**■　3

■**解説**■

　図1に示すように，地球の重心を原点とした座標系は「地心系」と呼ばれているが，GPS測量においては，地球の重心を原点としたWGS-84系を用い，基線ベクトルを地心3次元直交座標で求めている。

本間の点Aと点Bの座標値から，基線ベクトルについて，下記のようなことがいえる。

1．基線ベクトル成分（ΔX）が正（＋）ということは，終点BのX座標値が，起点AのX座標値より大きいことを意味している。

2．基線ベクトル成分（ΔY）が負（−）ということは，終点BのY座標値が，起点AのY座標値より小さいことを意味している。

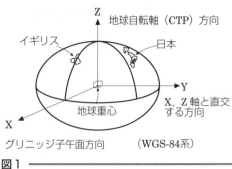

図1

3．基線ベクトル成分（ΔZ）が正（＋）ということは，終点BのZ座標値が，起点AのZ座標値より大きいことを意味している。したがって，3が正解である。

8　基準点測量における座標値計算

■正解■　4

■解説■

図2の直角三角形 ABP において

$$\sin 30° = \frac{\Delta X}{200.00}$$

$$\Delta X = 200.00 \sin 30° = 200.00 \times 0.50000$$

$$= 100.00[m]$$

したがって，P点のX座標 X_P は

$$X_P = 500.00 - 100.00$$

$$= 400.00[m]$$

$$\cos 30° = \frac{\Delta Y}{200.00}$$

$$\Delta Y = 200.00 \cos 30°$$

$$= 200.00 \times 0.86603$$

$$= 173.21[m]$$

したがって，P点のY座標 Y_P は

$$Y_P = 100.00 - 173.21$$

$$= -73.21[m]$$

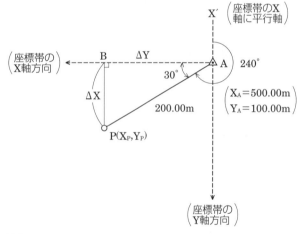

図2

9 　基準点測量における距離計算

■正解■　3

■解説■

　空間に 2 つの点 $P_1(x_1,\ y_1,\ z_1)$，$P_2(x_2,\ y_2,\ z_2)$ が与えられた場合，これらの 2 点間の距離は下式で求められる（図 3 参照）。

$$\overline{P_1P_2}=\sqrt{(x_2-x_1)^2+(y_2-y_1)^2+(z_2-z_1)^2}$$

　本問において，斜距離を求めることは，いいかえると 2 点 A，B 間の距離を求めることである。

　したがって，A 点を 3 次元座標の原点と考え，A→B 区間の ΔX，ΔY，ΔZ を B 点の座標値，A→C 区間の ΔX，ΔY，ΔZ を C 点の座標値として計算するとよい。

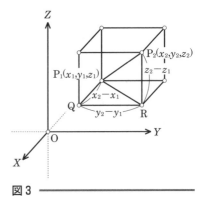

図 3

$$\begin{aligned}
\overline{BC}&=\sqrt{(100-500)^2+\{300-(-200)\}^2+(-300-300)\}^2}\\
&=\sqrt{(-400)^2+500^2+(-600)^2}\\
&=\sqrt{160{,}000+250{,}000+360{,}000}\\
&=\sqrt{10{,}000\times(16+25+36)}\\
&=\sqrt{10{,}000\times77}=\sqrt{10{,}000}\times\sqrt{77}\\
&=100\times8.77496\\
&=877.496\,[\mathrm{m}]
\end{aligned}$$

　よって，3 が正解である。

10 　基準点測量における閉合差

■正解■　5

■解説■

　既知点 302 から 303 の方向角の閉合差（ΔT）は，実測値の方向角が 229° 07′ 14″，成果表による方向角が 229° 07′ 19″ より

$$\Delta T=（実測値の方向角）-（成果表の方向角）$$
$$=229°\ 07′\ 14″-229°\ 07′\ 19″=-5″$$

　水平位置の閉合差（ΔE）は，下式より求められる。

$$\Delta E=\sqrt{(\Delta X)^2+(\Delta Y)^2}$$

$$\Delta X：X 座標の閉合差$$

$$\Delta Y：Y 座標の閉合差$$

$$\Delta X=-87{,}957.684\ -\ (-87{,}957.654)=-0.030\ [\mathrm{m}]$$
$$\Delta Y=-\ 4{,}783.576\ -\ (-\ 4{,}783.616)=\ 0.040\ [\mathrm{m}]$$

（実測による座標値）（成果表による座標値）

したがって，ΔE は

$$\Delta E = \sqrt{(-0.030)^2 + (0.040)^2}$$
$$= 0.050 \ [\text{m}]$$

11 基準点測量における偏心点観測

■正解■　2

■解説■

図4において，$\triangle \text{ABP}$ に正弦定理を適用する

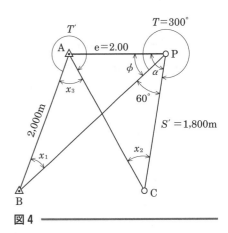

図4

$$\frac{2,000}{\sin\phi} = \frac{e}{\sin x_1}$$

$$\sin x_1 = \frac{2.00 \times \sin 36°}{2,000} = \frac{2.00 \times 0.58779}{2,000}$$

$$\therefore \quad x_1 = \sin^{-1}\frac{2.00 \times 0.58779}{2,000}$$

$$= \sin^{-1}0.00059$$

$$\doteqdot 0.0338°$$

また，S' に比べて e は十分に短いと考えられるので，
$\overline{\text{AC}} = \overline{\text{PC}} = S' = 1,800 \, \text{m}$ とみなしてよい。

$\alpha = \phi + (360° - 300°) = 36° + 60° = 96°$ より，$\triangle \text{ACP}$ に正弦定理を適用して

$$\frac{\overline{\text{AC}}}{\sin\alpha} = \frac{e}{\sin x_2}$$

$$\sin x_2 = \frac{e \times \sin\alpha}{\overline{\text{AC}}} = \frac{2.00 \times \sin 96°}{1,800} = \frac{2.00 \times \sin(180° - 84°)}{1,800}$$

$$= \frac{2.00 \times \sin 84°}{1,800} = \frac{2.00 \times 0.99452}{1,800}$$

$$\therefore \quad x_2 = \sin^{-1}\frac{2.00 \times 0.99452}{1,800} = \sin^{-1}0.00111 \doteqdot 0.0636°$$

$x_1 + x_3 = x_2 + 60°$ より

$$x_3 = x_2 + 60° - x_1 = 0.0636° + 60° - 0.0338° = 60.0298°$$

したがって，T' は

$$T' = 360° - 60.0298°$$

$$= 299.9702°$$

$$= 299° \ 58' \ 13''$$

よって，本問は2が正解である。

12　基準点測量における偏心点観測

正解■　3

■解説■

図5より,

$$\alpha = T - \phi = 314°\ 00'\ 00'' - 254°\ 00'\ 00''$$

$$\alpha = 60°$$

三角形 ABC に余弦定理第二法則を適用する。

$$S^2 = e^2 + S'^2 - 2e \cdot S' \cos \alpha$$

$$= 100^2 + 900^2 - 2 \times 100 \times 900 \cos 60°$$

$$= 10{,}000 + 810{,}000 - 180000 \times 0.50000$$

$$= 820{,}000 - 90{,}000$$

$$= 730{,}000$$

$$S = \sqrt{73 \times 10{,}000} = \sqrt{73} \times \sqrt{10{,}000}$$

$$= 8.5440 \times 100$$

$$= 854.40$$

$$\fallingdotseq 854\,[\mathrm{m}]$$

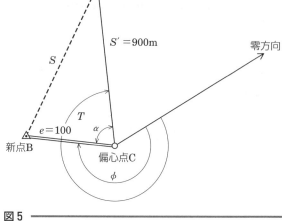

図5

補足事項

　偏心点を設けて観測する場合の計算問題において，必要最小限として，下記の三角関数について，確実に覚えておこう。

１．三角関数の性質

$$\sin(180° - \alpha) = \sin \alpha$$

$$\cos(180° - \alpha) = -\cos \alpha$$

$$\tan(180° - \alpha) = -\tan \alpha$$

２．一般三角形における関係

１）正弦定理

$$\frac{a}{\sin A} = \frac{b}{\sin B} = \frac{c}{\sin C}$$

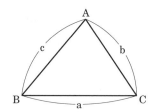

２）余弦定理第二法則

$$a^2 = b^2 + c^2 - 2bc \cos A$$

$$b^2 = c^2 + a^2 - 2ca \cos B$$

$$c^2 = a^2 + b^2 - 2ab \cos C$$

13 基準点測量における偏心点観測

■**正解**■　4

■**解説**■

図6の △ABP に正弦定理を適用する。

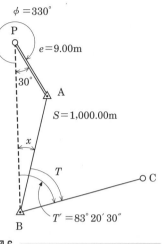

図6

$$\frac{e}{\sin x} = \frac{S}{\sin 30°}$$

$$\sin x = \frac{e \sin 30°}{S}$$

$$= \frac{9.00 \times 0.50000}{1,000.00} = \frac{4.50000}{1,000.00}$$

ここで，x をラジアン単位とすると，x は微小と考えてよいので

$$x ≒ \frac{4.50000}{1,000.00} \text{（ラジアン）}$$

また，１ラジアン $= 200,000''$ より

$$x ≒ \frac{4.50000}{1,000.00} \times 200,000''$$

$$≒ 900''$$

$$≒ 15'$$

したがって

$$T = T' - x$$

$$= 83° \ 20' \ 30'' - 15'$$

$$= 83° \ 05' \ 30''$$

第9章 地形測量

1 地球の形状と地球上の位置

■正解■　1

■解説■

　地球は起伏が多いが，海面は地表面に比べて凹凸の少ない球に近い面を形作っており，この面は地球の平均的な姿と考えることができる。また，海洋面は海流，潮汐，気象等の影響を受けて絶えず変化しているが，平均海面はなめらかな面となり，平均海面を陸地に延長したと仮定すると，地球は連続した海洋面でおおわ

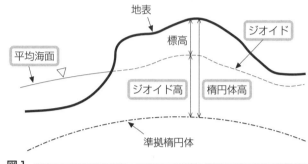

図1

れることになる。測地学では，この仮想的な静止した平均海面をジオイドと呼び，地球の形を最もよく代表するものと考えられている。

　ジオイドは，全地球的な平均海面に一致するものと定義されるが，わが国の海面とどのような関係にあるのか明らかでない。そこで，わが国では東京湾平均海面がジオイドと一致するものと考え，この面を高さの基準面としている。ここで用いる高さが標高である。次に，地球上の位置を緯度，経度，高さで表すには，まず最初に基準面を決めなければならない。この決められた基準面の上で，地球の位置は表現される。この基準面として地球を考えた場合，地球の形は山や谷や海があり，基準面としては複雑すぎて実用的でない。そこで次に考えられたのがジオイドである。しかし，ジオイドも複雑な起伏があるので基準面として適当ではなく，最終的に，ジオイドに極めてよく似るように決められた回転楕円体を考え，地球の形を代表するものとした。これを地球楕円体と呼ぶ。

　地球楕円体を測量の基準にするためには，楕円体の中心を実際の地球上のどの位置に，また，その楕円体の座標軸が，地球のどこを通るかということを決める必要がある。この位置と方向が決められた地球楕円体を，準拠楕円体と呼んでいる。

　標高，楕円体高，ジオイド高の関係は，図1のとおりである。したがって，1が正解である。

2 地球の形状と地球上の位置

■正解■　2

■解説■

1について

　ジオイド高は，楕円体高から標高を減じて求めることができる。したがって，本問の記述は正しい。

2について

　ジオイドは，地球重力の等ポテンシャル面であり，重力の方向に平行ではなく直角な面である。また，重力は場所によって異なるため，ジオイドも複雑な起伏があり，地球楕円体面に対して凹凸をもっ

ている。したがって，本問の記述は誤りである。

3について

本問の記述のとおりであり，地理学的経緯度は，世界測地系に従って測定しなければならない。

4について

地心直交座標系の座標は，GRS80（Geodetic Reference System 1980：測地基準系 1980）楕円体に整合するように定義された ITRF94（International Terrestrial Reference Frame：国際地球基準座標系）座標系の3次元直交座標系のことで，地球の重心に原点を置き，X軸をグリニッジ子午線と赤道との交点の方向に，Y軸を東経 90 度の方向に，Z軸を自転軸の方向にとって空間上の位置をX，Y，Zの地心直交座標値で表現しており，この座標系の座標値から，当該座標の地点における緯度，経度および楕円体高が計算できる。したがって，本問の記述は正しい。

5について

国土地理院では，平成 13 年に「測量法施工令の一部を改正する政令」の公布により，世界標準とした「測地成果 2000」に移行した。測地成果 2000 は，世界測地系に基づく日本の測地基準点（電子基準点・三角点等）成果で，従来の日本測地系に基づく測地基準点成果と区別するための呼称である。

測地成果 2000 での経度・緯度は，世界測地系である ITRF94 と GRS80 の楕円体を使用し，標高については，東京湾平均海面を基準にしている。したがって，本問の記述は正しい。

3 地球上の位置の表示法

■正解■ 4

■解説■

測量法では，基本測量および公共測量については，位置を，地理学的経緯度および平均海面からの高さで表示する。ただし，場合によっては地心直交座標などで表示することができるとされているが，公共測量においては，一般に利用のしやすさから，位置の水平成分または座標（通常「水平位置」ということが多い）については平面直角座標，高さの成分については日本水準原点を基準とした標高（東京湾平均海面を基準面として鉛直方向に測った距離といってもよい）によって表されることが多い。

GPS 測量機による測量では，地心直交座標による基線ベクトル，座標値を求めることができる。地心直交座標は，X，Y，Zの3つの成分で表され，計算によって緯度，経度，楕円体高に換算できる。

楕円体高から標高を求めるためには，別に測量して求められた，準拠楕円体からジオイドまでの高さが必要である。したがって，4が正解である。

4 地図の投影法

■正解■ 5

■解説■

1について

UTM 図法を用いた地形図の1図葉の経緯線図郭の形は，ほぼ直線で囲まれた不等辺四角形である（図2参照）。したがって，本問の記述は正しい。

2について

UTM図法は，1/25,000や1/50,000の中縮尺の地形図として広く用いられている。したがって，本問の記述は正しい。

3，4について

UTM図法および平面直角座標系は，横円筒図法の一種であるガウス・クリューゲル図法を適用している。また，平面直角座標系における中央子午線上の縮尺係数は0.9999（UTM図法は0.9996）であり，子午線から離れるにしたがって縮尺係数は大きくなる。したがって，本問の記述は正しい。

図2

5について

平面直角座標系は，日本全国を19の区域に分けて定義されているが，その座標系の原点は各座標系ごとにそれぞれ原点を定めており，赤道上に座標系の原点はない。したがって，本問の記述は誤りである。

関連事項

UTM座標系と平面直角座標系の特徴は，下記のとおりである。

	UTM座標系	平面直角座標系
投　影　図　法	ガウス・クリューゲルの横メルカトル図法で等角投影法	
原　点　の　位　置	各ゾーンの中央経線と赤道の交点	各ブロック帯ごとに決められた緯度と経度の交点
原　点　の　座　標　値	縦軸方向に対する原点の座標値は，北半球に対しては0m，南半球に対しては，10,000kmとする。横軸方向に対する原点の座標値は500kmとし，中央経線の東側ではこれより増加し，西側では減少する。	座標は縦座標をX軸，横座標をY軸とする。原点の座標値はX＝0.000m，Y＝0.000mとし，原点から東および北の方向を（＋），西および南の方向を（－）とする。
原　点　の　経　度　間　隔	6°	1.5〜2°
平面距離と球面距離との精度	$\dfrac{4}{10,000}$	$\dfrac{1}{10,000}$
原　点　の　縮　尺　係　数	0.9996	0.9999
縮尺係数が1となる原点からの距離	東西に180km	東西に90km
縮尺係数が最大となる原点からの距離	東西に270km（縮尺係数1.0004）	東西に130km（縮尺係数1.0001）
座　標　系　の　特　徴	地球を60の経度帯に分割	全国を19の座標帯に分割
適　用　範　囲	北緯80°〜南緯80°（80°以上はUPS座標を用いる）	
用　　　　　途	1/25,000，1/50,000の地形図などに使用されている。	1/2,500，1/5,000の国土基本図などに使用されている。

5　地図の投影法

■正解■　3

■解説■

1，2について

　地図は地球表面を平面上に投影して作成する。球面から平面上への投影方法を地図投影法という。回転楕円体である地球の表面を平面上へ投影する場合，距離（長さ），角度および面積を同時に，ひずみなく投影することはできない。このため，距離を正しく表す投影法，角度を正しく表す投影法，面積を正しく表す投影法等の各種投影法があり，地図の目的によって投影法の選択が行われる。したがって，本問の記述は正しい。

3について

　平面直角座標系において，座標系のX軸は，座標系原点において子午線に一致する軸とし，真北に向かう値を正とし，座標系のY軸は，座標系原点において座標系のX軸に直交する軸とし，真東に向かう値を正としている。したがって，本問の記述は誤りである。

4について

　地球上の経緯線網を平面上に投影する場合，基本的には次の3つの方法がある。

　1）方位図法……地球に平面を接して投影する方法

　2）円錐図法……地球に円錐をかぶせて投影し，これをある母線について切り開く方法

　3）円筒図法……地球に円筒をかぶせて投影し，これをある母線について切り開く方法

　したがって，本問の記述は正しい。

5について

　コンピュータの画面に地図を表示したり，プリンタを使って紙に地図を出力する場合であっても，地球の一部（立体の一部）を平面上に描画する場合には，その目的に合った投影法が必要となる。したがって，本問の記述は正しい。

6　地図の投影法

■正解■　5

■解説■

1について

　投影法を投影面の種類によって分類すると，次の3つに大別される。

　1）方位図法

　　地球に平面を接して投影する図法。

　2）円錐図法

　　地球に円錐をかぶせて投影し，これをある母線について切り開く図法。

　3）円筒図法

　　地球に円筒をかぶせて投影し，これをある母線について切り開く図法。

　したがって，本問の記述は正しい。

2，3について

　地図における距離，角度，面積の関係は，同一図法のなかで，正距と正積，正距と正角の条件を同時に正しくすることはできるが，正積と正角の2つの条件を同時に正しくすることはできない。したがって，本間の記述は正しい。

4について

　本間の記述のとおりである。

5について

　正距図法は，距離を正しく保つ条件を与えるものであるが，これは，ある特定の線束上，または線群上（例えば，緯線または経線，原点を中心とした直線または同心円）についてのみ，地球上とこれに対応する地図上の距離を正しくすることができる。しかし，地球上の任意の2点間の距離を正しく表すことはできない。したがって，本間の記述は誤りである。

7 地図の種類と表現方法

■正解■　4

■解説■

　地図を利用上の目的によって分類すると，次の3つに分けられる。

1．一般図

　地形の状況や交通施設・建物などの地物の状況・地名・施設の名称など，表示事項に軽重をつけず，図式にしたがって表示し，多目的に使用できるように作成された地図をいい，国土地理院が作成している，1/2,500，1/5,000の基本図，1/25,000，1/50,000の地形図等はこの一般図である。

2．主題図

　表示事項を全般的に表わす一般図に対して，特定の主題内容に重点を置いて表現した地図で，地質図・植生図・土地利用図・都市計画図等が含まれる。

3．特殊図

　一般図，主題図の分類に入れにくいその他の地図で，視覚障害者地図（触地図）・レリーフマップ（立体地図）等をいう。

　したがって，4が正解である。

8 地図編集における描画順序

■正解■　3

■解説■

　地形図は，地形図のねじれや誤差をできるだけ小さくするために，その骨格となるものから描画し，最後に精度に影響を与えない地物の記号などを入れていくようにする。実際に描画する順序を述べると，次のようになる。

1．基準点（三角点，電子基準点，水準点，標高点）

2．河川・湖・沼などの自然重要地物

3．道路・鉄道などの人工重要地物

4．一般の建物・諸記号

5．等高線・凹地・がけなどの地形

6．行政界

7．田・畑・果樹園などの植生界およびそれらの記号

8．注　記

　したがって，3が正解である。

〈参考〉

　注記とは，文字による表示をいい，地図に表示する対象物の固有の名称，特定の記号を有しない表示対象物の種類または名称や，行政名，地点等の標高，等高線数値，整飾（図郭および地図の利用上に必要な事項を図郭の周辺に表示して，その体裁を整えること）における諸事項の説明等に用いる。

9　地図編集の原則

■正解■　5

■解説■

1について

　注記データは，基図データおよび編集資料またはその他の資料に基づき，注記の位置，字大，字隔等を決定し，その属性等も併せて作成するものとする。したがって，本問の記述は正しい。

2について

　編集原図データにおける編集の順序は，基準点を最優先とし，次に河川，水涯線等自然の骨格地物，道路，鉄道等の人工の骨格地物とし，以降建物等の順に編集する。したがって，有形線と無形線が近接している場合には，有形線を優先し，無形線を転位して表示する。よって，本問の記述は正しい。

3について

　編集原図データの地図情報レベルが大きくなるにしたがって，地形，地物等の表現事項を真位置，真形で表現することが困難になる。このため，優先度の高い地図情報を採用し，優先度の低い地図情報を省略することになる。これを地図編集における取捨選択というが，このとき，優先度の高い地図情報を省略することのないように留意しなければならない。したがって，本問の記述は正しい。

4について

　地形，地物等の形状が複雑で錯綜していると，基図データの形状どおりに描示すると画線がこみいって読図が困難になる。このため，現況に応じて形状の省略化を行う必要がある。これを地図編集における総合描示という。総合描示は，地形，地物等の形状の特徴を損なわないように留意しなければならない。したがって，本問の記述は正しい。

5について

　基図（編集の基となる地図）とは，完成図（編集図：新たに作成する地図）の骨格になる地図をいう。基図として使用する地図は，精度がよく，表現内容が新しいことが望ましい。

　また，地図の精度の維持を図るため，完成図の縮尺より大きい縮尺の地図を選択することが大切で

ある。したがって，本問の記述は誤りである。

関連事項

地形図作成における転位の原則，および地形図に表示する事項が重複する場合は，下記のように表示しなければならない。

1．地形図作成における転位の原則

　1）有形物と人工物が近接する場合は，人工物を転位して表示する。

　2）有形物を示す画線と無形物を示す画線とが近接する場合は，無形物を示す画線を転位して表示する。

　3）転位する場合の平面位置の移動は，図上 0.5 mm 以内とし，やむを得ない場合に限り，図上 1.2 mm まで移動させることができる。

2．地形図に表示する事項が重複する場合の表示方法

　1）異色の表示事項が重複する場合は，それぞれを重ねて表示する。ただし，双方が立体関係にある場合は，下方のものを表示しない。

　2）同色の記号が平面で接する場合は，記号を接して表示する。ただし，双方が立体関係にある場合は，下方の記号を間断し，上方の記号から 0.2 mm 離して表示する。

　3）同色の記号が近接する場合は，0.2 mm 離して表示する。

　4）文字と同色の記号が重複する場合は，0.2 mm 離して表示する。

補足事項

図式と地図表現に関し，下記の事項についても，しっかりと覚えておこう。

1．1/50,000 地形図一図葉には，原則として経度差 15′ ごとの経線，および緯度差 10′ ごとの緯線によって区画された地域が表示されている。

　　また，1/25,000 地形図の場合は，1/50,000 地形図の半分（経度差 7′ 30″，緯度差 5′）の地域が表示されている。

2．市街地内の道路は，真幅道路と記号道路の 2 種類がある。また，家屋については，市街地等建物その他の建物が密集している地域にあって，個々の建物を区別して表示することが著しく困難な場合には，その部分を建物の密集地として表示することができる。

3．すでにでき上っている地図をもとにして，これと異なった縮尺の地図を作成する場合，基図（もとになる地図）の縮尺は，作成する地図の縮尺より大きく，かつ，作成する地図に近くなければならない。

　　また，地図編集においては，まず図郭線を展開し，次に基準点等の骨格となるものから描画していくが，この際，縮尺に応じて転位や総合描示，取捨選択を行い，地図が複雑になり，見にくくなるのを避けるようにする。

4．基準点とは，測量の成果として平面位置または標高が決定された地点をいい，三角点，水準点，標石のある標高点（付記する標高数字はメートル以下 1 位まで），標石のない標高点（付記

する標高数字はメートル単位），水面標高・水深に区分する。

　　また，1/50,000 地形図に表示される基準点は，三角点，水準点，標高点である。三角点は，

　　1 等～3 等まですべて表示し，水準点は，1 等～3 等のうちから，水準路線に沿っておおむね 2

　　km に 1 点の割合で標示している。標高点は，4 等三角点，2 等～3 等の多角点と標石のある図

　　根点（地形測量等で，基準点が不足した場合に，一時的に増設した基準点），および国土地理院

　　が指定した公共測量のための基準点のうちから表示している。

5．水涯線とは，陸地の地形と水部の地形とを区画する水際線をいい，河川・湖沼などの陸水部

　　においては，平水時，海においては，満潮時における正射影を表示する。

6．境界とは，行政区画の境をいい，都府県界，北海道の支庁界，郡市，東京都の区界，および

　　町村・指定都市の区界に区分して表示する。

　　また，異なった記号が重複する部分は，次の優先順位によって表示する。

　　　1）都府県界（—<・>—<・>—<・>—）

　　　2）北海道の支庁界（—…—…—…—）

　　　3）郡市界・東京都の区界（—・—・—・—）

　　　4）町村界・指定都市の区界（—・—・—・—）

10　地形測量の作業方法

■正解■　3

■解説■

1について

　オンライン方式を採用した場合には，携帯型パーソナルコンピュータの図形処理機能を用いて，図形表示しながら測定および編集までを現地で直接行うことができる。したがって，本問の記述は正しい。

2について

　放射法は，基準点等に TS を整置し，基準方向から地物等までの角度や距離を直接測定して，その位置を求めていく方法である。したがって，本問の記述は正しい。

3について

　地形，地物の測定では，TS の特性を活かして，放射法，支距法および前方交会法を選択するほか，他の有効な測定法を図形処理技術と併せて用いることができる。したがって，本問の記述は誤りである。

4について

　オフライン方式を採用した場合には，現地でデータ取得のみを行い，その後，室内で測定位置確認資料を用いて編集を行うため，補備測量により必要部分の補完をする必要がある。オンライン方式を採用した場合には，現地において，ほぼ編集を終了しており，編集した図形の点検を行って，補備測量に該当する項目がない場合は，補備測量を省略することができる。したがって，本問の記述は正し

い。

5 について

　本問の記述のとおりであり，TS 点は，基準点に観測機器を整置して放射法により設置し，または TS 点に TS を整置して後方交会法により設置するものとする。

11　地形測量における現地測量

■正解■　5

■解説■

　公共測量作業規程の準則によると，現地測量とは，現地において TS 等または RTK-GPS 法，もしくはネットワーク型 RTK-GPS 法を用いて，または併用して地形，地物等を測定し，数値地形図データを作成する作業をいい，現地測量は，4 級基準点，簡易水準点またはこれと同等以上の精度を有する基準点に基づいて実施するものとする。

　また，現地測量により作成する数値地形図データの地図情報レベルは，原則として 1,000 以下とし，250，500，および 1,000 を標準とする。

　したがって，本問は 5 が正解である。

12　地形測量の方式

■正解■　5

■解説■

　細部測量は，オンライン方式とオフライン方式がある。オンライン方式は，携帯型パーソナルコンピュータ等の図形処理機能を用いて，図形表示しながら計測および編集を現地で直接行う方式（電子平板方式を含む）であり，特にトータルステーションと電子平板を用いた方式が一般的である。これらの方法により得られたデータは，通常ベクタ形式であり，編集済データの接続は，プログラムにより点検することができる。

　オフライン方式は，現地では地形，地物等のデータ取得のみを行い，その後，取り込んだデータコレクタ内のデータを，図形編集装置に入力して図形処理する方法である。

　また，電子平板方式とは，ノート型のペンコンピュータに，データ取得機能や CAD の機能を組み込み，トータルステーションまたは GPS と組み合わせてオンライン方式で使用するシステムのことである。電子平板は，取得したデータの結果を図形で容易に確認できるほか，地物の属性情報もペン操作で簡単に入力できる機能もある。

　したがって，最も適当な組合せは 5 である。

13 数値標高モデルの特徴

■正解■　1

■解説■

1について

　DEM の格子点間隔が大きくなればなるほど，標高点間の距離が長くなり，詳細な地形を表現できなくなる。したがって，本問の記述は誤りである。

2について

　DEM は，地形図の等高線を基に，格子の交点の標高値をデータファイルとして作成されるので，本問の記述は正しい。

3，4について

　二つの格子点の標高がわかると，等高線を参考にしながら，格子点間の視通，および格子点間の傾斜角を計算できる。したがって，本問の記述は正しい。

5について

　DEM は，等高線のデータであるので地形の起伏の状態を把握することができ，水害による浸水範囲，山の高低，津波等の被害の状況等を予測することが可能である。したがって，本問の記述は正しい。

14 数値地形モデルの特徴

■正解■　4

■解説■

1について

　DTM は，所定の格子点および必要に応じて任意の点の標高値を測定したものであるから，その標高値を用いて地形の断面図を作成することができる。したがって，本問の記述は正しい。

2について

　DTM を用いれば，土地の起伏の状態を把握することができるので，コンピュータ等により水害による浸水範囲のシミュレーションを行うことができる。したがって，本問の記述は正しい。

3について

　DTM の格子間隔が小さくなると，格子点間の距離が短くなり，より詳細な地形を表現できる。したがって，本問の記述は正しい。

4について

　等高線データやDTM データは，ともに標高値が取得されているので，DTM より等高線データを，また，等高線データより DTM を作成することができる。したがって，本問の記述は誤りである。

5について

　正射投影画像は，数値写真を標定し，DTM を用いて作成するものとする。空中写真は，被写体から反射された光がレンズ中心を直進して投影された中心投影であり，写真地図や地図は，無限遠から投影された正射投影である。中心投影の画像から正射投影の画像に標高を用いて偏位修正することを正

射変換という。つまり，正射変換により，空中写真がもつ標高に起因する投影の特性である水平位置のずれを取り除くことができる。したがって，本問の記述は正しい。

15 地形測量における RTK-GPS 法

■**正解**■　1

■**解説**■

平成 23 年 3 月 21 日の作業規程の準則の改正に伴い，RTK-GPS 法は，RTK（Real Time Kinematic）法と名称が変更になった。

RTK－GPS 法による地形測量とは，本問の説明とおりであるが，その観測方法は，固定点に 1 台の GPS 受信機と無線機を整置し，もう 1 台が無線機を持ちながら複数の観測点で短時間の観測を行いながら次々と移動していく方法である。

RTK－GPS 法による地形測量では，基線解析をリアルタイムに行うことができ，その観測は，放射法により 1 セット行い，観測に使用する GPS 衛星は 5 個以上使用する。

また，この RTK－GPS 法による地形測量は，現地において地形，地物の相対位置を算出することができ，細部測量の工程に用いることができる。したがって，本問は 1 が正解である。

16 地形測量における RTK-GPS 法

■**正解**■　5

■**解説**■

RTK—GPS は，既知点に受信機を設置（これを固定局と呼んでいる）し，また，観測点にも受信機を設置（これを移動局と呼んでいる）する。移動局は，受信機と無線機を携帯し，各観測点で 5 個以上の衛星の電波を受信して短時間の観測を行いながら移動し，基線ベクトルを求めていく方法である。

また，RTK-GPS 測量ばかりでなく，GPS 測量は，天候の影響に左右されずに観測を行うことができ，測点間の視通が確保されていなくとも観測は可能であるが，人工衛星からの電波を利用するため，ある一定の上空視界の確保が必要である。したがって，5 が正解である。

17 地形測量における RTK 法

■**正解**■　2

■**解説**■

RTK 法は，GPS 測量機を既知点（固定点），新点（移動点）に整置して観測を行う。それと同時に固定点では，観測データを無線装置等で移動点に転送し，移動点では転送された観測データと移動点で観測した観測データを用いて，即時に基線解析を行い移動点の位置を固定点の座標値に基づいて決定する。

また，位置の決定後，移動点は，次の観測点に移動し，同様の観測を順次行うことで既知点と新点間の相対的な位置関係を決定する。つまり，RTK 観測は，固定点となる既知点から移動点となった新点までの基線ベクトルを放射状に決定する方法である。

1について

RTK観測では，観測時間が極端に短いため，使用するGNSS衛星の切り替わり時やマルチパス等の影響により精度が低下することがある。このため，異なる時間帯を選定して2セットの重複する基線ベクトルの観測を行っての比較点検，または異なる時間帯で観測した基線ベクトルの環閉合を行って点検する。したがって，本問の記述は正しい。

2について

地形および地物の観測は，放射法により1セット行い，観測にはGPS衛星のみの場合には5衛星以上，GPS衛星およびGLONASS衛星を用いる場合には6衛星以上を使用しなければならない。したがって，本問の記述は誤りである。

3，4について

RTK法は，衛星からの電波を地上で受信して行う方法であり，既知点と観測点間の視通が確保されなくても観測は可能であるし，また，霧や弱い雨にはほとんど影響を受けることはない。したがって，本問の記述は正しい。

5について

本問の記述のとおりであり，正しい。

18　コンピュータを用いた各種事象の解析

■正解■　3

■解説■

等高線データや数値標高モデルなどの地形データは，種々の地点の地形の起伏の状態を表したものである。

本問のア，ウ，オは，いずれも地形の起伏（標高）が密接に関係する事項であり，イ，エは，直接標高等に関係しない事項である。したがって，3が正解である。

19　数値地形図のデータ

■正解■　1

■解説■

1について

ラスタデータをディスプレイ上で任意の倍率に拡大や縮小すると，それに伴い線の太さも変わってくる。したがって，本問の記述は誤りである。

2について

ラスタデータは，行と列に並べられた画素の配列によって構成される画像データであり，本問の記述のとおりである。

3について

ラスタデータからベクタデータへ変換しても，元のラスタデータ以上の位置精度を得ることはできない。したがって，本問の記述は正しい。

4について

本間の記述のとおりであり，ベクタデータは，座標値をもった点列によって表現される図形データをいう。

5について

本間の記述のとおりである。

※ベクタデータとラスタ
データのデータ構造は，
図3のとおりである。

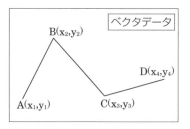
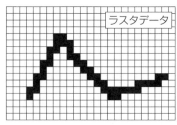

図3 ────────

20　地形図上における等高線の位置

■正解■　1

■解説■

点A，Bを結ぶ線分上において，点Aから最も近い等高線は，等高線間隔が1mより，32.0mの等高線である。

図4において

$$x : 0.5 = 91.0 : 6.5$$
$$6.5x = 0.5 \times 91.0$$
$$x = \frac{0.5 \times 91.0}{6.5}$$
$$= 7.0 [\mathrm{m}]$$

したがって，1/1,000の地形図上では

$$7.0 [\mathrm{m}] \div 1000 = 0.007 [\mathrm{m}] = 0.7 [\mathrm{cm}]$$

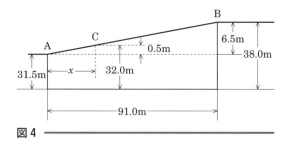

図4 ────────

21　地形図上における等高線の位置

■正解■　4

■解説■

図5より

$$y_0 = 72.8 - 68.6 = 4.2 [\mathrm{m}]$$
$$y_1 = 70.0 - 68.6 = 1.4 [\mathrm{m}]$$
$$x_1 : y_1 = 78.0 : y_2$$
$$x_1 = \frac{y_1 \times 78.0}{y_2} = \frac{1.4 \times 78.0}{4.2}$$
$$= 26.0 [\mathrm{m}]$$

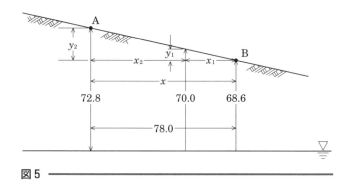

図5 ────────

$$x_2 = 78.0 - 26.0$$

$$= 52.0 [\mathrm{m}]$$

したがって，地形図上ではA点から

$$52.0 \times \frac{1}{1,000} = 0.052 [\mathrm{m}] = 5.2 [\mathrm{cm}]$$

22 地形図読図の正誤

■**正解**■　4

■**解説**■

1について

両神橋と忠別橋を結ぶ三丁目付近に，交番（Ⅹ）がある。したがって，本問の記述は正しい。

2について

常磐公園の東側（図において，常磐公園の右側）には図書館（□）がある。したがって，本問の記述は正しい。

3について

図6において，旭川駅の南西角から，大雪アリーナ近くにある消防署（Ⅰ）の建物の中心までの図上距離は5.3cmである。

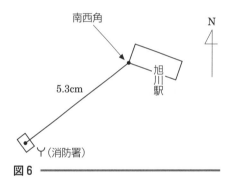

図6

また，この図の縮尺は実距離の500mが図上3.1cmに対応しているので，その水平距離Lは

$$L = \frac{500}{3.1} \times 5.3 \fallingdotseq 855 [\mathrm{m}]$$

したがって，本問の記述は正しい。

4について

図中には複数の寺院（卍）はあるが，老人ホームはない。したがって，本問の記述は誤りである。

5について

両神橋の下を流れている川の中に（↘）の記号が見える。これは矢印の方向が下流であることを意味している。したがって，忠別川においても図の左側が下流となるので，氷点橋は忠別橋の上流にある。よって，本問の記述は正しい。

23 地形図上の経緯度計算

■正解■ 3

■解説■

図7において

$$40'' : 11.9 = y : 3.6$$

$$11.9y = 40'' \times 3.6$$

$$y = 12''$$

$$30'' : 11.0 = x : 7.0$$

$$x = 19''$$

したがって，交番の建物の経緯度は

$$緯度 = 36° \ 4' \ 40'' + x$$

$$= 36° \ 4' \ 40'' + 19''$$

$$= 36° \ 4' \ 59''$$

$$経度 = 140° \ 6' \ 30'' + y$$

$$= 140° \ 6' \ 30'' + 12''$$

$$= 140° \ 6' \ 42''$$

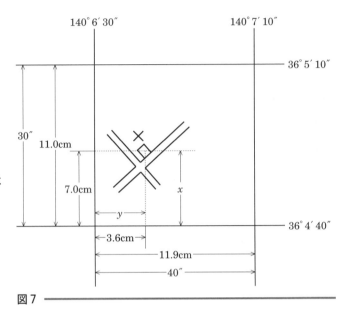

図7

24 地形図の面積算定

■正解■ 3

■解説■

消防署，市役所の中心は，記号の中心ではなく建物の中心にあることに注意しよう。

市役所と消防署の各建物の中心と水準点を結んだ三角形の面積(S)は

$$S = 1.7 \times 0.725 \times \frac{1}{2}$$

$$≒ 0.61625 \, [\text{km}^2]$$

したがって，最も近い値は3である。

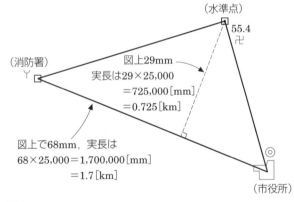

図8

第10章　路線測量

1　路線測量の作業工程

■正解■　1

■解説■

路線測量における標準的な作業工程は下記のとおりである。

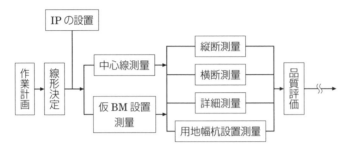

線形決定……選定された路線の線形を解析計算により決定する作業

IP 設置測量・中心線測量・用地幅杭設置測量……現地に標識を設置する作業

仮 BM 設置測量……標高の基準を決定する作業

縦断測量・横断測量……それぞれ縦断面図，横断面図を作成する作業

詳細測量……大縮尺による詳細図を作成する作業

したがって，1 の組合せが最も適切である。

2　路線測量の作業内容

■正解■　2

■解説■

1 について

中心線測量とは，主要点および中心点を現地に設置し，線形地形図を作成することをいう。中心線測量における中心杭は，一定間隔（道路の実施設計では 20 m ごと）に設置され，ナンバー杭とも呼ばれているが，この他に，設計上必要な点（BC や EC などで，これらの主要点に設置される杭を役杭という）にも設置される。

また，中心線上の縦断方向で，著しく地形の変化する点にプラス杭を設置する。したがって，本問の記述は正しい。

2 について

線形決定によって決定した地形図上の座標をもつ IP の位置を現地に測設，または直接に IP（座標値がない）を基準点等から測量して座標値を与えることを総称して IP の設置という。

IP は，線形計算の基準となる重要なポイントであるが，必ずしも現地に設置する必要はない。山地部では，長い接線長を伐採して IP を設置したり，都市部では，建物の内部に IP が入ったり，交通の激しい道路の真ん中に入ったりする場合に，あえて IP 杭を設置しなくとも線形計算および中心点測

量は実施できるので，必要がある場合のみ設置する。

　また，線形決定により定められた座標値をもつ IP は，4 級以上の基準点に基づき，放射法等により設置するものとする。したがって，本問の記述は誤りである。

3 について

　仮 BM 設置測量とは，縦・横断測量に必要な水準点（「仮 BM」という）を現地に設置し，標高を求める作業をいう。

　仮 BM は，通常，路線測量の始点，終点の地盤堅固な場所に設置し，建設工事によって亡失しないように，原則として工事施工区域外に設置する。

　また，仮 BM 設置のための測量にあたっては，通常の水準測量と同じ方法であるが，平地部では 3 級，山地部では 4 級水準測量で行い，路線長が 0.5 km を超えるものについては，路線に沿って 0.5 km ごとに 1 点を標準とする。したがって，本問の記述は正しい。

4 について

　横断測量は，中心杭・プラス杭を基準にして，中心線と直角方向の線上の地形の変化する点および地物について，中心杭からの距離と高さを求め，横断面図を作成する作業であるが，設計上必要な箇所でも行う。したがって，本問の記述は正しい。

5 について

　用地幅杭測量は，主要点および中心点から中心線の接線に対し，直角方向の用地幅杭点座標値を計算し，それに基づいて，4 級以上の基準点，主要点，中心点等から放射法等により用地幅杭を設置する作業である。したがって，本問の記述は正しい。

3　路線測量の作業内容

■正解■　4

■解説■

1 について

　線形決定とは，路線選定の結果に基づき，地形図上の交点（IP）の位置を座標として定め，線形図データファイルを作成する作業をいう。また，線形図データファイルは，計算等により求めた主要点および中心点の座標値を用いて作成する。したがって，本問の記述は正しい。

2 について

　中心線測量とは，主要点および中心点を現地に設置し，線形地形図データファイルを作成する作業をいう。また，中心点の設置は，近傍の 4 級基準点以上の基準点，IP および主要点に基づき，放射法により行うものとする。ただし，直接視通がとれない場合は節点を設けることができる。したがって，本問の記述は正しい。

3 について

　引照点杭は，中心線形の主要な点である役杭が，亡失，破損または移動のおそれがある場合，もしくは地形障害物のため，所定の位置に設置できない場合に復元等ができるようにするために設置されるものである。また，引照点は必要に応じて基準点から測定し，座標値を求めるものとする。したがっ

て，本問の記述は正しい。

4について

縦断測量において，縦断面図データファイルを図紙に出力する場合は，縦断面図の距離を表す横の縮尺は線形地形図の縮尺と同一とし，高さを表す縦の縮尺は，線形地形図の縮尺の5倍から10倍までを標準とする。したがって，本問の記述は誤りである。

5について

横断測量とは，中心杭等を基準にして地形の変化点等の距離および地盤高を定め，横断面図データファイルを作成する作業をいうが，測量方法については，本問の記述のとおりである。

よって，4が正解である。

4　縦断測量の作業方法

■正解■　3

■解説■

縦断測量とは，道路の中心線を通る鉛直面の 縦断面図 を作成する作業である。 縦断面図 の作成にあたり，仮杭および 中心杭 の標高と地盤高，中心線上の 地形変化点 の地盤高，中心線上の主要構造物の標高を測定する。

平地における縦断測量は，仮BMまたはこれと同等以上の水準点に基づき 4級 水準測量によって行う。また， 地形変化点 と主要構造物については， 中心点 からの距離を測定して位置を決定する。

したがって，3が正解である。

5　用地測量の作業順序

■正解■　5

■解説■

用地測量とは，土地および境界等について調査し，用地取得等に必要な資料および図面を作成する作業をいい，その作業順序は下記のとおりである。

１．作業計画

作業機関は，測量作業着手前に，測量作業の方法，使用する主要な機器，要員，日程等について適切な作業計画を立案し，これを計画機関に提出して，その承認を得なければならない。作業計画を変更する場合も同様である。

また，測量を実施する区域の地形，土地の利用状況，植生の状況等を把握し，用地測量の細分ごとに作成するものとする。

２．資料調査

資料調査とは，用地測量を実施する区域について，関係する土地の地番，地目，地積，当該地の所有者，所有権以外の権利，建物等を調査し，測量に必要な基本的資料を得るために行う作業である。

３．復元測量

復元測量とは，境界確認に先立ち，地積測量図等に基づき境界杭の位置を確認し，亡失等がある場

合は復元するべき位置に仮杭（復元杭という）を設置する作業をいう。

4．境界確認

境界確認とは，現地において一筆ごとに土地の境界（境界点という）を確認する作業をいう。

5．境界測量

境界測量とは，現地において境界点を測定し，その座標値を求める作業をいう。

6．境界点間測量

境界点間測量とは，境界測量等において隣接する境界点間の距離を TS 等を用いて測定し，精度を確認する作業をいう。

7．面積計算

面積計算とは，境界測量の成果に基づき，各筆等の取得用地および残地の面積を算出し，面積計算書を作成する作業をいう。

8．用地実測図データファイルの作成

作業計画から面積計算の結果に基づき，用地実測図データを作成する作業をいう。

9．用地平面図データファイルの作成

作業計画から用地実測図データの結果に基づき，用地平面図データを作成する作業をいう。

したがって，正しい作業順序は 5 である。

6　用地測量の作業順序

■正解■　4

■解説■

用地測量とは，土地および境界等について調査し，用地取得等に必要な資料および図面を作成する作業をいう。

用地測量は，道路，河川，水路，ダム，公園等の新設，改修，拡幅，廃止等にあたり，用地取得等のために行うものであり，これらの作業にあたっては，測量区域を管轄する法務局等において調査した資料に基づいて，地番ごとにそれぞれの境界点を現地で明確にし，これらを測量し，その面積を算出するとともに必要な諸資料を作成する。

用地測量を実施する場合の基準点は，4 級基準点測量以上の精度で設置された基準点に基づいて行われるが，その作業順序は，下記のとおりである。

1．資料調査

資料調査とは，用地測量を実施する区域について，関係する土地の地番，地目（田・畑・宅地等），地積，当該地の所有権，所有権以外の権利，建物等を調査し，測量に必要な基本的資料を得るために行うものである。

2．境界確認

境界確認は，現地において転写図，土地調査表等に基づき，関係権利者立合いのうえ境界点を確認し，所定の標杭を設置することにより行うものとする。

3．境界測量

境界測量は，境界確認作業により，土地境界立合確認書が得られた境界点を測量し，それぞれの座標値を求める作業である。

4．境界点間測量

境界点間測量とは，境界測量等において，隣接する境界点間の距離を測定して精度を確認する作業をいい，境界点間測量は，隣接する境界点間または境界点と用地境界点（用地境界杭を設置した点）との距離を全辺について現地で測定し，境界点間距離の計算値（座標値から求めた計算値）と測定値の較差を求める方法により行う。

また，境界点間測量は，以下の測量を終了した時点で行うものとする。

1）境界測量

2）用地境界仮杭設置

3）用地境界杭設置

5．面積計算

面積計算とは，境界測量の成果に基づき，各筆等の取得用地および残地の面積を算出することをいう。

また，面積計算は原則として，座標法または数値三斜法（座標値から三斜法に置換する方法）によるものとする。したがって，作業の順序として最も適当なものは4である。

7　用地測量の作業内容

■正解■　1

■解説■

aについて

境界測量とは，現地において境界点を測定し，その座標値を求める作業をいう。

bについて

境界確認とは，現地において一筆ごとに土地の境界（境界点）を確認する作業をいう。

cについて

復元測量とは，境界確認に先立ち，地積測量図等に基づき境界杭の位置を確認し，亡失等がある場合は復元するべき位置に仮杭（復元杭）を設置する作業をいう。

dについて

境界点間測量とは，境界測量等において隣接する境界点間の距離をトータルステーション等を用いて測定し，精度を確認する作業をいう。

eについて

面積計算とは，境界測量の成果に基づき，各筆等の取得用地および残地の面積を算出し，面積計算書を作成する作業をいい，面積計算は，原則として座標法により行うものとする。

したがって，最も適切な語句の組合せは1である。

■正解■　4

■解説■

1，2，3について

　表10-1を参考にして検討してみると，いずれも本問の記述のとおりである。

4について

　交差点P1〜P10について，道路の接続する本数を考えてみる。

　　P1 = 2本（L1，L8）　　　P2 = 2本（L1，L9）　　　P3 = 3本（L2，L8，L10）

　　P4 = 3本（L2，L3，L11）　　　P5 = 3本（L3，L4，L12）　　　P6 = 3本（L4，L9，L13）

　　P7 = 2本（L5，L10）　　　P8 = 3本（L5，L6，L11）　　　P9 = 3本（L6，L7，L12）

　　P10 = 2本（L7，L13）

　したがって，道路の中心線が奇数本接続する交差点の数は6つであり，偶数であって奇数ではない。よって，本問の記述は誤りである。

5について

　S2はL2，L11，L5，L10，S3 = L3，L12，L6，L11，S4 = L4，L13，L7，L12の，いずれも4本の道路の中心線から構成されている。したがって，本問の記述は正しい。

■正解■　2

■解説■

　本問は地理情報システム（GIS）における，数値地図データに関する問題であり，これに関連する特殊用語についてまず覚えておこう。

・ポリゴン

　面は閉じた線分を境界とする図形で表現するが，この図形は一般に多角形を形成し，これをポリゴンという。

・ポイントとノード

　座標が具体的に定義された点をポイントといい，線分の交点を示すポイントを特にノードという。

・ラインとストリング

　隣接する2つのポイントを結ぶ線分をライン，2つのポイント間を結ぶ折れ線分をストリングという。

・チェーン（アーク）

　ノードとノードを結ぶ線分をチェーンまたはアークという。

　最短経路を検索するために必要なのは，どの道路を通り，その際の距離が計算できる状態でなければならない。したがって，交差点では交差点番号・座標，ノードではノード番号・座標，アークでは始終点の交差点番号またはノード番号が必要であり，名称・住所・車線数等は，最短経路の検索には直接必要はない。よって，2が正解である。

10 数値地図データの判読

■正解■　3

■解説■

1について

　交差点Aに接続する道路中心線の数はL1，L4の2個

〃	B	〃	L1，L2，L5の3個
〃	C	〃	L2，L3，L7の3個
〃	D	〃	L3，L4の2個
〃	E	〃	L5，L6の2個
〃	F	〃	L6，L7の2個

　したがって，道路中心線が奇数本接続する交差点はB，Cの合わせて2つであり，本問の記述は正しい。

2について

　道路中心線L1の始点がAであるならば終点はBである。したがって，本問の記述は正しい。

3について

　街区面を構成する道路中心線の方向は，面の内側から見て時計回りの方向を（＋），その反対の方向を（−）とすると，S1を構成するL2の方向は，始点がCで終点がBであり，時計回りと反対方向であるので，（−）とならなければならない。

　また，S2を構成するL7の方向は，始点がFで終点がCであり，時計回りと同じ方向であるので，（＋）とならなければならない。したがって，本問の記述は誤りである。

4について

　街区面S1は，L1，L2，L3，L4の4本の道路中心線より構成されており，街区面S2は，L2，L5，L6，L7の4本の道路中心線より構成されている。したがって，本問の記述は正しい。

5について

　道路中心線L2は，街区面S1およびS2を構成する共通な道路中心線である。したがって，本問の記述は正しい。したがって，本問は3が正解である。

11 数値地図データの判読

■正解■　2

■解説■

アについて

　道路中心線L3は，始点がP4，終点がP5であり，街区面S1の内側からみると，L3は反時計回りである。したがって，方向は負（−）である。

イについて

　同じく道路中心線L3は，街区画S3の内側からみると，L3は時計回りである。したがって，方向は正（＋）である。

ウについて

街区画 S3 を構成する道路中心線は，L3，L10，L11，L7，L9，L8 の 6 本あるが，これらを街区面 S3 の内側からみたとき，方向が正（＋）になるのは L3，L10，L7，L9 の 4 本である。したがって，ウに該当するのは L7 である。よって， 2 が正解である。

12 数値地図データの判読

■正解■ 4

■解説■

図 1 において，L10 を新設した場合，S1 は道路中心線 L6，L10，L8 および L1，L7，L10 で囲まれた街区面に分割される。

この後必要な作業としては，これらの道路中心線を用いて街区面を取得すればよい。

したがって，L10 を含まない道路中心線の組合せ 4 が正解である。

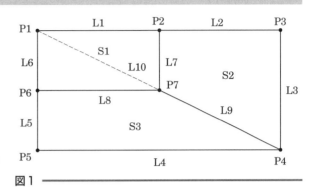

図 1

13 単心曲線設置に付随する諸値

■正解■ 3

■解説■

図 2 において

$\gamma = 180° - (\alpha' + \beta')$

ここで $\alpha' = 180° - 112° = 68°$

$\beta' = 180° - 148° = 32°$

$\gamma = 180° - (68° + 32°) = 180° - 100°$

$= 80°$

また，$\gamma + \delta = 180°$ より

$\delta = 180° - 80°$

$= 100°$

$\varepsilon = \dfrac{\delta}{2} = \dfrac{100°}{2} = 50°$

$\angle COF = \dfrac{\varepsilon}{2} = \dfrac{50°}{2}$

$= 25°$

△COF は直角三角形より

$\sin 25° = \dfrac{\ell}{R}$

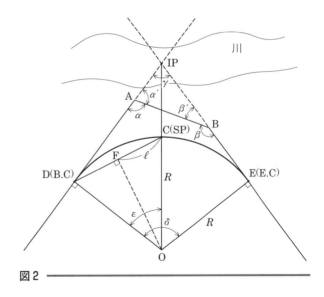

図 2

$$\ell = R \sin 25°$$

$$= 300 \times 0.42262$$

$$= 126.786 [\mathrm{m}]$$

したがって，BC から SP までの弦長（L）は

$$L = 2\ell = 126.786 \times 2$$

$$= 253.576$$

$$\fallingdotseq 253.6 [\mathrm{m}]$$

14 単心曲線設置に付随する諸値

■**正解**■　2

■**解説**■

　図3において，当初計画道路と変更計画
道路の接線長（TL）は同じである。

　当初計画道路の接線長（TL1）は

$$\mathrm{TL1} = R \tan \frac{I}{2} = 400 \times \tan \frac{64°}{2}$$

$$= 400 \times \tan 32° = 400 \times 0.62487$$

$$= 249.948 [\mathrm{m}] \cdots\cdots\cdots①$$

　変更計画道路の接線長（TL2）は

$$\mathrm{TL2} = R' \tan \frac{I}{2} = R' \times \tan \frac{90°}{2}$$

$$= R' \times \tan 45° = R' \times 1.00000$$

$$= R' \cdots\cdots\cdots②$$

①＝②より

$$R' = 249.948 [\mathrm{m}]$$

よって，移動距離（ℓ）は

$$\ell = 400 - R' = 400 - 249.948$$

$$= 150.052$$

$$\fallingdotseq 150 [\mathrm{m}]$$

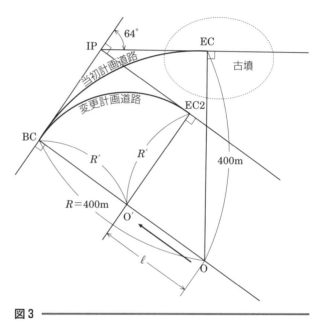

図3

15 単心曲線設置に付随する諸値

■**正解**■　4

■**解説**■

　現道路を改良し，新道路を建設しても，接線長が変わらないということに着目して考えていくとよい。

図4において，新道の曲線半径を R' とすると

　旧道の接線長 TL1 は

$$\text{TL1} = R\tan\frac{\alpha}{2} = 600 \times \tan\frac{90°}{2}$$

$$= 600 \times \tan 45° = 600 \times 1.00000$$

$$= 600.00000 [\text{m}]$$

　新道の接線長 TL2 は

$$\text{TL2} = R'\tan\frac{\beta}{2} = R' \times \tan\frac{60°}{2}$$

$$= R'\tan 30° = R' \times 0.57735$$

　TL1 = TL2 より

$$600.00000 = R' \times 0.57735$$

$$R' = \frac{600.00000}{0.57735}$$

$$= 1{,}039.231 [\text{m}]$$

したがって，新道の曲線長 CL は

$$\text{CL} = \frac{\pi R'\alpha}{180°} = \frac{3.14 \times 1{,}039.231 \times 60°}{180°}$$

$$\fallingdotseq 1{,}088 [\text{m}]$$

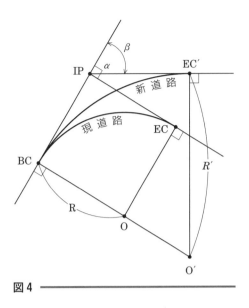

図4

16　単心曲線設置に付随する諸値

■正解■　3

■解説■

　図5において

$$\text{TL} = R\tan\frac{\text{I}}{2} = 200 \times \tan\frac{90°}{2}$$

$$= 200 \times \tan 45° = 200 \times 1.00000$$

$$= 200 [\text{m}]$$

したがって，起点 BP から曲線始点 BC までの距離 ℓ は

$$\ell = 270 - \text{TL} = 270 - 200$$

$$= 70 [\text{m}]$$

よって，BC の位置を No 杭で表示すると

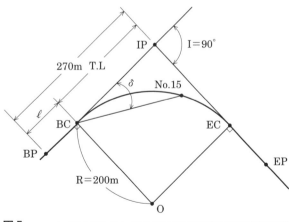

図5

$$\text{BC} = \text{No. } 3 + 10 [\text{m}]$$

この結果，曲線上の最初の中心杭は No. 4 であり，その始短弦 ℓ_1 の長さは

$$\ell_1 = 20 - 10 = 10 [\text{m}] \text{である。}$$

始短弦 ℓ_1 に対する偏角 δ_1 は

$$\delta_1 = \frac{\ell_1}{2R} \times \frac{180^\circ}{\pi} = \frac{10}{2 \times 200} \times \frac{180^\circ}{3.14}$$

$$= 1.43312^\circ$$

20 m に対する偏角 δ_0 は

$$\delta_0 = \frac{20}{2R} \times \frac{180^\circ}{\pi} = 2 \times \delta_1$$

$$= 1.43312 \times 2$$

$$= 2.86624^\circ$$

No. 4 の中心杭から No. 15 までの中心杭の間隔は 20 m であり，中心杭の数は 11 本である。したがって，BC から No. 15 までの総偏角 δ は

$$\delta = \delta_1 + \delta_0 \times 11$$

$$= 1.43312 + 2.86624 \times 11$$

$$= 32.96176$$

$$\fallingdotseq 33^\circ$$

一口アドバイス

　数値地図データの判読等，新しい問題が出題されるようになって来ました。

　それ程難しい問題でもありませんので，一問，一問しっかりと理解していきましょう。

第11章 河川測量

1 河川測量の作業方法

■正解■　5

■解説■

1について

　水準基標測量とは，定期縦断測量の基準となる水準基標（河川の高さの基準となる水準点）の標高を定める作業をいい，水準基標測量は，2級水準測量により行うものとする。また，このときの基準面は，おのおのの固有の基準面を定めている利根川，荒川，淀川など，一部の水系を除いて，東京湾平均海面を基準面と定めている。したがって，本問の記述は正しい。

2について

　定期縦断測量とは，水準基標を基準として，左右両岸の距離標の高さ，堤防高および既設構造物（水門，用水路敷面，橋台高など）の距離，高さを定期的に測定し，縦断面図を作成する作業をいう。したがって，本問の記述は正しい。

3について

　定期横断測量とは，定期的に河床の変動を調査するもので，距離標を基準として，見通し線上の高低を測定し，横断面図を作成する作業をいう。陸上においては直接水準測量を行い，水中においては深浅測量を行う。したがって，本問の記述は正しい。

4について

　自岸の水際杭から対岸の水際杭にワイヤーロープを張り，水際杭からの距離で測深位置（船位）を決定する場合には，ワイヤーロープはウインチ等により緊張し，ワイヤーロープの沈みを 0.5 m 以内になるようにする。また，流れのない湖沼等において，ワイヤーロープが長い場合は，途中にフロート（浮き）をつけ，ワイヤーロープの沈みを押さえるようにする。したがって，本問の記述は正しい。

5について

　流量測定に適当な箇所と考えられる条件は，下記のとおりである。

　1）流水があまり速くなく，また，ゆるやかすぎない箇所

　2）その地点より上流，下流ともに，河状にあまり変化のない箇所（直線状の箇所）

　3）流水が平行して流れ，乱流や逆流のない箇所

　したがって，本問の記述は誤りである。

2 河川測量の作業方法

■正解■　2

■解説■

1について

　距離標は，河心線の接線に対して直角方向の両岸の堤防法肩または法面等に設置する。したがって，本問の記述は正しい。

2について

　1についての解説からわかるように，本問の記述は誤りである。

3について

　水準基標は，河川水系の高さの基準を統一するため，河川の両岸の適当な位置に設けられるもので，水準基標の高さを決定するために行う水準基標測量は，2級水準測量により行うものとする。したがって，本問の記述は正しい。

4について

　定期横断測量とは，定期的に左右距離標の視通線上の横断測量を実施して，横断面図データファイルを作成する作業をいい，定期横断測量は，左右距離標の視通線上の地形の変化点等について，距離標からの距離および標高を測定するものである。

　また，定期横断測量は，水際杭を境にして，陸部と水部に分け，陸部については横断測量，水部については深浅測量によって行う。したがって，本問の記述は正しい。

5について

　深浅測量とは，河川，貯水池，湖沼または海岸において，水底部の地形を明らかにするため，水深，測深位置または船位，水位または潮位を測定し，横断面図データファイルを作成する作業をいう。

　水深の測定は，音響測深機を用いて行うものとする。ただし，水深が浅い場合は，ロッドまたはレッドを用い，直接測定により行うものとする。

　また，測深位置や船位の測定は，ワイヤロープ，トータルステーション等，GPS測量機のいずれかを用いて行うものとする。したがって，本問の記述は正しい。

〈参考図〉

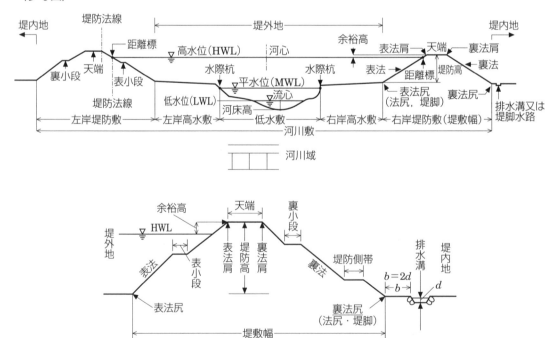

堤防（断面）

3　河川測量の作業方法

■正解■　5

■解説■

1について

　河川測量とは，河川の調査および河川の維持管理等に用いる測量をいうが，これと同様に湖沼，海岸等における保全のための測量も含まれる。したがって，本問の記述は正しい。

2について

　距離標は，河心線の接線に対して直角方向の両岸の堤防表法肩または表法面が標準である。したがって，本問の記述は正しい。

3について

　水準基標は，河川の縦断，横断等高さに係る測量の基準となるものであり，水準基標測量は，2級水準測量により行うものとする。また，水準基標は，水位標に近接する位置に設置するものとし，設置間隔は5km～20kmまでを標準とする。したがって，本問の記述は正しい。

4について

　定期横断測量は，陸部と水部に分けられるが，陸部の測定間隔は10m以下を標準とし，その間の地形変化点についても測定する。また，測量範囲は裏法尻に左岸，右岸の堤内地20～50mをそれぞれ加算する。

　したがって，本問の記述は正しい。

5について

　深浅測量とは，河川，貯水池，湖沼または海岸において，水底部の地形を明らかにするため，水深，測深位置または船位，水位または潮位を測定し，横断面図データファイルを作成する作業をいう。したがって，本問の記述は誤りである。

4　河川の距離標設置測量

■正解■　2

■解説■

　距離標設置測量とは，河心線（河川の横断面の最深部を連ねた線で流心線ともいう）の接線に対して直角方向の両岸の堤防法肩，または法面等（有堤部にあっては，原則として堤防表法肩，無堤部の場合は，地形に応じて河岸の適当な位置）に距離標を設置する作業をいう。（図1参照）。

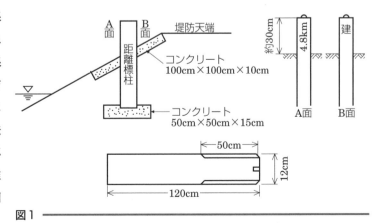

図1

また，距離標設置測量は，あらかじめ地形図上で位置を選定し，その座標値に基づいて，近傍の3級基準点等から放射法等により設置して行うものとする。

距離標の設置間隔は，河川の河口または幹川への合流点に設けた起点から，河心に沿って200mを標準とする。したがって，本問は2が正解である。

5　河川の定期横断測量

■正解■　1
■解説■

定期横断測量は，定期的に左右距離標の視通線の横断測量を実施して横断面図を作成する作業をいう。なお，距離標は，河心線の接線に対して直角方向の両岸の堤防法肩，または法面等に設置される。

また，定期横断測量の方法としては

1）左右距離標の視通線上の地形の変化点等について，距離標からの距離，および標高を測定して行うものとする。

2）水際杭を境にして，陸部と水部に分け，陸部については横断測量，水部については深浅測量により行うものとする。

したがって，1が正解である。

参考までに定期縦断測量の細則，および海浜測量を述べておく。

定期縦断測量とは，河川の維持管理，または調査を目的とし，定期的に左右両岸の堤防および構造物等の変動を調査するもので，水準基標（河川水系の高さの基準となる点）を基にして，距離標，堤防高，地盤高，水位標零点高，水門，樋管，用水路および排水路等の敷高，橋の桁下高，その他必要な工作物の高さと位置を縦断測量により求め，縦断面図を作成する作業である。

また，定期縦断測量にあたっては，下記の点に留意する。

1）定期縦断測量は，原則として，水準基標を出発し，他の水準基標に結合するものとする。

2）定期縦断測量は，平地においては3級水準測量，山地においては4級水準測量により行うものとする。

3）縦断面図は，横の縮尺は 1/1,000〜1/100,000，縦の縮

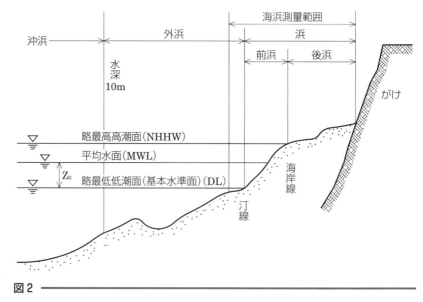

図2

尺は 1/100〜1/200 を標準とする。

　海浜測量は，海岸保全を目的とし，海浜（前浜と後浜を含めて一般に海浜と呼んでいる）の経年変化，季節変化，または台風時などの特異な気象条件における変動を調査するもので，通常，前浜と後浜を含む範囲の等高・等深線図などを表した地形図，および横断面図を作成する作業である。

　また，測量の範囲は，汀線より外浜へ 10 m，後浜は海岸線から 100 m 程度とする（図 2 参照）。

関連事項

汀線測量について

　基本水準面である略最低低潮面と海浜との交線を汀線といい，その位置を測定して，汀線図を作成する作業を汀線測量という。

6　河川の流速計による流量調査

■**正解**■　3

■**解説**■

1について

　河川の流量とは，ある地点における河道の横断面を 1 秒間に通過する水の量をいい，m^3/s または t/s の単位で表す。この水量を測定することを流量測定といい，流量測定には，測定した流速と，水位観測による断面積を使って，（流速）×（断面積）から流量を求める方法が一般に多く用いられている。

　また，この際，流速計を用いて流速を測定する場合には，流速測定開始時と，終了時の観測所の水位と時刻を測定する。したがって，本問の記述は正しい。

2，4について

　流速計を用いた場合の水面幅と，水深測線間隔および流速測線間隔は，表 1 のとおりである。水面幅が 32 m のときの水深測線間隔は 2 m であり，水深測定は，往復して同一横断線上を 2 回測定する。

　また，水面幅が 32 m のときの流速測線間隔は 4 m であり，流速測定は，各測定点で 2 回測定してその平

表1

水面幅（B）m	水深測線間隔（M）m	流速測線間隔（N）m
10 以下	水面幅の　10〜15%	$N = M$
10〜 20	1	2
20〜 40	2	4
40〜 60	3	6
60〜 80	4	8
80〜100	5	10
100〜150	6	12
150〜200	10	20
200 以上	15	30

均値を計算し，（区分横断面積×平均流速）の和を流量値とする。したがって，本問の記述は正しい。

3について

　平均流速を求めるための流速計の位置は，測定方法によって異なり，下記のとおりである。

1）1点法

　水面から水深 h の 0.6 倍の位置で流速（$v_{0.6}$）を測定し，これを平均流速（v_m）とする。

$$v_m = v_{0.6}$$

2）2点法

水面から水深 h の0.2倍，0.8倍の位置で流速（$v_{0.2}$, $v_{0.8}$）を測定し，下式によって平均流速を求める。

$$v_\mathrm{m} = \frac{v_{0.2} + v_{0.8}}{2}$$

3）3点法

水面から水深 h の0.2倍，0.6倍，0.8倍の位置で流速（$v_{0.2}$, $v_{0.6}$, $v_{0.8}$）を測定し，下式によって平均流速を求める。

$$v_\mathrm{m} = \frac{v_{0.2} + 2v_{0.6} + v_{0.8}}{4} \quad \leftarrow 計算式に注意$$

また，平均流速の公式は，下記のように用いられている。

1）水深が浅いときは1点法による。2点法との使い分けの境界は0.5m 程度の水深である。

2）流れが整正な場合には，2点法または3点法による。

したがって，本問において，水深が深い場合には，さらに水深の6割（0.6）の位置に選定すべきであり，5割（0.5）は誤りである。

5について

洪水時は，流れが非常に速く，また，流量も多く，流速計を用いて測定できない場合が多いので，浮子測法を用いて流速を測定する。一般に平水時には流速計，洪水時には浮子を用いて流速を測定している。

したがって，本問の記述は正しい。

関連事項

1．平均流速，最大流速について

流速の鉛直分布は，水深によって変化しているが，一般に平均流速は，水面から深さの60％ぐらいの位置の流速に相当し，最大流速は，水面から深さの30％ぐらいの位置の流速に相当する。

2．流速計について

流速計は，流水によって回転子が回転し，その回転数によって流速を測定する器械である。回転子は，鉛直軸の周りに水平回転するわん形回転子と，水平軸の周りに垂直に回転するプロペラ形回転子の2種類があるが，いずれも，単位時間の回転数を測定することから流速を求める。

流速計を用いた場合の流速（v）は，次式より求めることができる。

$$v = an + b \ [\mathrm{m/s}]$$

a，b：器械によって異なる定数

n：流速計の1秒間の回転数（rps）

3．流量計算について

図3において，河川横断面 ABDFE の流量（Q）は，断面の中央における平均流速

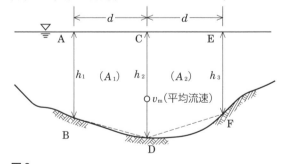

図3

(v_m) を測定して，下式より求められる。

$$Q = (A_1 + A_2)v_m$$

A_1，A_2 は，断面 ABDC，CDFE の面積であるが，それぞれ近似的に台形と考えて

$$A_1 = \frac{(h_1 + h_2)d}{2}$$

$$A_2 = \frac{(h_2 + h_3)d}{2}$$

よって，Q は

$$Q = \left\{\frac{(h_1 + h_2)d}{2} + \frac{(h_2 + h_3)d}{2}\right\}v_m \ [\mathrm{m^3/s}]$$

7 河川の横断測量における河床高の計算

■**正解**■　3

■**解説**■

　問題の表 11-1 を理解するのがなかなか難しいように思われる。図 4 に問題を図解，図 5 に本問の考え方を図解したので，これらをじっくり見ながら考えてみるとよい。

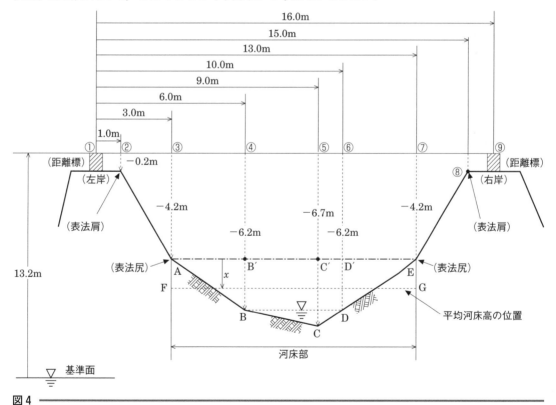

図4

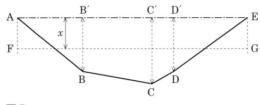

図5

図5において，五角形 ABCDE の断面積を，AE を一辺とする長方形 AFGE に直したときの断面積に等しいと考え，そのときのもう一辺の長さ（x）を求め，これから平均河床高の標高を求めるとよい。

図5において，五角形 ABCDE の断面積（S）を，三角形ABB'（S_1），台形BCC'B'（S_2），台形CDD'C'（S_3），三角形DED'（S_4）に分けて計算する。

三角形 ABB' において

$\overline{AB'} = 6.0 - 3.0 = 3.0\,\mathrm{m}$，$\overline{B'B} = |-6.2 - (-4.2)| = 2.0\,[\mathrm{m}]$ より

$S_1 = \overline{B'B} \times \overline{AB'} \times \dfrac{1}{2} = 2.0 \times 3.0 \times \dfrac{1}{2} = 3.0\,[\mathrm{m}^2]$

台形 BCC'B' において

$\overline{C'C} = |-6.7 - (-4.2)| = 2.5\,[\mathrm{m}]$，$\overline{B'C'} = 9.0 - 6.0 = 3.0\,[\mathrm{m}]$ より

$S_2 = (\overline{B'B} + \overline{C'C}) \times \overline{B'C'} \times \dfrac{1}{2} = (2.0 + 2.5) \times 3.0 \times \dfrac{1}{2} = 6.75\,[\mathrm{m}^2]$

台形 CDD'C' において

$\overline{D'D} = |-6.2 - (-4.2)| = 2.0\,[\mathrm{m}]$，$\overline{C'D'} = 10.0 - 9.0 = 1.0\,[\mathrm{m}]$ より

$S_3 = (\overline{C'C} + \overline{D'D}) \times \overline{C'D'} \times \dfrac{1}{2} = (2.5 + 2.0) \times 1.0 \times \dfrac{1}{2} = 2.25\,[\mathrm{m}^2]$

三角形 DED' において

$\overline{ED'} = 13.0 - 10.0 = 3.0\,[\mathrm{m}]$ より

$S_4 = \overline{D'D} \times \overline{ED'} \times \dfrac{1}{2} = 2.0 \times 3.0 \times \dfrac{1}{2} = 3.0\,[\mathrm{m}^2]$

したがって，五角形 ABCDE の面積は

$S = S_1 + S_2 + S_3 + S_4$

$\quad = 3.0 + 6.75 + 2.25 + 3.0$

$\quad = 15.0\,[\mathrm{m}^2]$

長方形 AFGE の面積を S' とすると

$\overline{AE} = 13.0 - 3.0 = 10.0\,[\mathrm{m}]$，$\overline{AF} = x$ より

$S' = 10.0 \times x = 10.0x$

ここで，$S = S'$ より

$15.0 = 10.0x$

$\quad\ x = 1.5\,[\mathrm{m}]$

したがって，平均河床高の標高（H）は

$$H = 13.2 - 4.2 - 1.5 = 7.5 [\text{m}]$$

8　水位標の設置にともなう仮設点の標高

■正解■　3

■解説■

$\text{BM}_1 \sim$ 中間点 I の高低差 h_1 は

$$h_1 = 0.238 - 2.369 = -2.131$$

中間点 I ～仮設点 A の高低差 h_2 は

$$h_2 = 0.523 - 2.583 = -2.060$$

したがって，仮設点 A の（T.P.）からの標高 H'_A は

$$H'_A = 6.526 + (-2.131) + (-2.060)$$
$$= 2.335$$

よって，高さの基準をこの河川固有の基準面としたときの仮設点 A の高さ H_A は

$$H_A = 2.335 + 1.300$$
$$= 3.635 [\text{m}]$$

■一口アドバイス■

　測量士補試験は，3時間の長丁場です。午後3時を過ぎると，ほとんどの受験生は退室していきますが，勝負は後半の90分です。

　どっしりと腰をすえて，最後まで粘ることが合格への道です。

第12章 写真測量

1 空中写真の性質

■正解■ 3

■解説■

1について

本問の記述のとおりであり，図1に示すように，空中写真の主点は，写真の四隅，または四辺の各中央の相対する指標を結んだ交点として求めることができる。したがって，本問の記述は正しい。

2について

地上の構造物等は，空中写真上では，鉛直点を中心に放射状にずれた像として写る。したがって，逆に，高層建築や高塔の像の中心線の交点として，鉛直点を求めることができる。

よって，本問の記述は正しい。

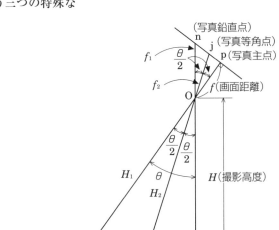

図1

3について

空中写真上には，主点，鉛直点，等角点という三つの特殊な点，すなわち特殊3点があり，写真測量では測定上重要な要素となっている。

1）主点

写真画面の中心点で，レンズの光軸と画面との交点をいう。

2）鉛直点

レンズの中心を通る鉛直線と画面との交点をいう。土地が起伏しているとき生じる写真像のひずみは，鉛直点を中心とする放射線上におこる。

3）等角点

光軸とレンズの中心を通る鉛直線との交角を2等分する線と画面との交点をいう。土地が平たんなときには，カメラが傾いたために生じる写真像のひずみは，等角点を中心とする放射線上におこる。

ⅰ）地上主点の縮尺

図2において

$$\cos\theta = \frac{H}{H_1} \qquad H_1 = \frac{H}{\cos\theta} = H \times \frac{1}{\cos\theta} = H\sec\theta$$

$$地上主点の縮尺 = \frac{画面距離}{撮影高度} = \frac{f}{H_1} = \frac{f}{H\sec\theta} \qquad ①$$

ⅱ）地上等角点の縮尺

図2において

$$\cos\frac{\theta}{2}=\frac{H}{H_2}\qquad H_2=\frac{H}{\cos\dfrac{\theta}{2}}=H\times\frac{1}{\cos\dfrac{\theta}{2}}=H\sec\frac{\theta}{2}$$

$$\cos\frac{\theta}{2}=\frac{f}{f_2}\qquad f_2=\frac{f}{\cos\dfrac{\theta}{2}}=f\times\frac{1}{\cos\dfrac{\theta}{2}}=f\sec\frac{\theta}{2}$$

$$地上等角点の縮尺=\frac{画面距離}{撮影高度}=\frac{f_2}{H_2}=\frac{f\sec\dfrac{\theta}{2}}{H\sec\dfrac{\theta}{2}}=\frac{f}{H}\qquad ——②$$

ⅲ）地上鉛直点の縮尺

図2において

$$\cos\theta=\frac{f}{f_1}\qquad f_1=\frac{f}{\cos\theta}=f\times\frac{1}{\cos\theta}=f\sec\theta$$

$$地上鉛直点の縮尺=\frac{画面距離}{撮影高度}=\frac{f}{H}=\frac{f\sec\theta}{H}=\frac{f}{\dfrac{H}{\sec\theta}}\qquad ——③$$

ここで，θ は微小であり，θ に対する sec の値は1より大きい。また，分子が一定であるので，分母の値が小さいほどその縮尺は大きい。したがって，①，②，③の分母をみていくと，③，②，①の順で分母が大きくなっていく。よって，鉛直点，等角点，主点の順で縮尺が大きくなり，本問の記述は誤りである。

4について

空中写真に自記されるデータには，丸形レベルも含まれ，この気泡の位置によって，空中写真の最大傾斜方向と写真の傾きを知ることができる。したがって，本問の記述は正しい。

5について

撮影された写真は，土地が起伏しているとき写真像にひずみが生じるが，このひずみを除去した写真にすることを，写真の正射変換といい，これによって得られた画像の縮尺は，画像全体で一定になる。したがって，本問の記述は正しい。

2　空中写真測量の各工程

■正解■　3

■解説■

1について

空中写真撮影後に写真上で明瞭な構造物が観測できる場合，標定点測量によりその地物上で標定点測量を行い，対空標識に代えることができる。したがって，本問の記述は正しい。

2について

刺針とは，空中三角測量および数値図化において，基準点等の写真座標を測定するため，基準点等

の位置を現地において空中写真上に表示する作業をいう。

刺針は，設置した対空標識が空中写真上において明瞭に確認することができない場合に行うものとする。したがって，本問の記述は正しい。

3について

ディジタルステレオ図化機は，ディジタル航空カメラで撮影したディジタル画像のみならず，アナログ（フィルムカメラ）で撮影された写真であっても，ディジタイザやスキャナを用いて数値化することによって使用することができる。したがって，本問の記述は誤りである。

4について

本問の記述のとおりである。

5について

本問の記述のとおりであるが，標高点は，地形判読を容易にすること，地点の標高を明らかにすること，等高線の読図を容易にすること等の目的に合った適切な位置に選定しなければならない。

3　パスポイントとタイポイント

■正解■　3

■解説■

1，2について

パスポイントは，同一コース内の隣接空中写真の接続に用いる点であり，タイポイントは，隣接コース間の接続に用いる点である。これらをあわせて共役点と呼ぶ。したがって，本問の記述は正しい。

3について

パスポイントは，同じコースの連続する3枚の空中写真が重なり合う部分の中央と両端に1点ずつ3点a，b，cを選ぶ。このとき，b点は写真の主点付近，a，cは主点基線に直角方向の写真の上端部，下端部に配置する。したがって，本問の記述は誤りである。

4について

タイポイントは，隣接コースと重複している部分で，空中写真上で明瞭に認められる位置に，撮影コース方向に一直線に並ばないようジグザグに配置し，コース間のゆがみを調整できるようにする。したがって，本問の記述は正しい。

5について

ディジタルステレオ図化機で選点・観測する場合には，コース間の接続を強くするために両端のパスポイントは可能な限りタイポイントを兼ね，かつ選点した箇所が写っているすべての空中写真で選点することが望ましい。したがって，本問の記述は正しい。

よって，3が正解である。

4　対空標識の設置

■正解■　5

■解説■

1について

　対空標識は，地上に設置した構造物となるため，土地所有者とのトラブルが生じないように，その設置にあたっては，あらかじめ土地所有者の許可を得る必要がある。また，空中写真撮影までに自然的，人為的に壊れないように，対空標識は堅固に設置する。したがって，本問の記述は正しい。

2について

　本問の記述のとおりであり，樹上に対空標識を設置する場合は，撮影時までに枝や葉が繁って対空標識を覆ってしまうおそれがあるため，あらかじめ周囲より 50 cm 程度高く設置する必要がある。

3について

　本問の記述のとおりであり，標示する大きさは，標識板 1 枚の 3 分の 1 以下とする。樹上等に設置する場合は，標示杭をもって代えることができる。

4について

　対空標識の D 型は，コンクリート上のように他の型式で設置できない場合に限って，ペンキで直接描くものである。したがって，本問の記述は正しい。

5について

　設置した対空標識は，強風による飛散や周辺の美観を損ねることもあるため，危険防止，環境保全等に配慮して，撮影作業完了後，速やかに撤収する。したがって，本問の記述は誤りである。

　よって，5 が正解である。

5　空中写真の判読

■正解■　2

■解説■

1について

　高塔は，適度の間隔で直線状に並んでいるので，送電線との判読は正しい。

2について

　谷筋にあり，階調（トーンともいい，写真の濃淡をいう）が暗く，樹冠がとがって見えるのは針葉樹であり，広葉樹は，輪郭が比較的不明確であり，樹冠は円形をしており，針葉樹よりも一般に薄く，常緑樹以外のものは，発芽前および落葉後は灰白色に見える。したがって，本問の記述は誤りである。

3，4について

　果樹園，鉄道についての判読であるが，いずれも正しい。

5について

　学校・工場・寺社などは，建築様式が一般と異なるため判読しやすい面をもっている。本問の判読は正しい。

6　空中写真による図化

■正解■　3

■解説■

1について

本問の記述のとおりであり、各モデルの図化範囲は、原則として、パスポイント（同一コース内の隣接空中写真の接続に用いる点）で囲まれた区域内としている。したがって、本問の記述は正しい。

2について

メスマーク（浮標）は、その地点の高さと位置を正しく表示するので、等高線の図化の場合には、高さを固定して、メスマークを常に接地させながら行う。また、道路縁の図化については、高さを調節しながら、メスマークを常に接地させながら行う。したがって、本問の記述は正しい。

3について

陰影、ハレーション等の障害により、判読困難な部分または図化不能部分がある場合は、その部分の範囲を表示し、現地補測を行う必要があるが、空中三角測量を再度実施する必要はない。したがって、本問の記述は誤りである。

4について

標高点は、地形判読を容易にすること、地点の標高を明らかにすること、等高線の読図を容易にすること等の目的に合った適切な位置に選定し、標高点の選定・測定は、等高線図化の後に行う。

標高点の測定は2回行うものとし、測定値の較差が許容範囲を超える場合は、さらに1回の測定を行い、3回の測定値の平均値を採用するものとする。したがって、本問の記述は正しい。

5について

細部数値図化は、線状対象物、建物、植生、等高線の順序で行うものとし、等高線は、主曲線を1本ずつ測定して取得し、主曲線だけでは地形を適切に表現できない部分について補助曲線等を取得するものとする。したがって、本問の記述は正しい。

7　空中写真測量の作業内容

■正解■　4

■解説■

1について

本問の記述のとおりであり、この際、付近の樹冠より50cm程度高くする。

2について

本問の記述のとおりである。

3について

標高点は、地形の判読を容易にすること、地点の標高を明らかにすること、等高線の読図を容易にすること等の目的を持っている。また、標高点は、なるべく等密度に分布するように配置するものとし、その密度は、図上4cm平方に1点を標準とする。したがって、本問の記述は正しい。

4について

数値図化とは、解析図化機、座標読取装置付アナログ図化機またはディジタルステレオ図化機を用いて、地図情報を数値形式で取得し、記録する作業をいう。したがって、必ずディジタルステレオ図化機を使用しなければならないという記述は誤りである。

5について

　数値図化に使用される機器は，座標読取装置付図化機であり，一般に数値図化機という。数値図化機は空中写真を立体視して三次元の座標およびその属性をディジタルデータとして取得するものである。したがって，本問の記述は正しい。

8　ディジタルマッピングにおける数値図化

■正解■　2

■解説■

1について

　数値図化とは，解析図化機，座標読取装置付アナログ図化機，またはディジタルステレオ図化機を用いて，地図情報を数値形式で取得し，記録する作業をいう。したがって，本問の記述は正しい。

2について

　ディジタルステレオ図化機は，ディジタル写真（高精度カラースキャナ等で空中写真をディジタル化したもの）を用いて，図化装置のモニタに立体表示させ図化する装置であるが，使用する画像の解像度によって精度が異なってくる。したがって，本問の記述は誤りである。

3について

　数値図化データは，数値図化機により，空中写真から地図情報をディジタル形式で取得したデータであり，取得したデータには，判別しやすいように，地物および地形の種類を区分した分類コードを付加しておく。したがって，本問の記述は正しい。

4について

　数値図化において，地形表現のためのデータ取得は，等高線法，数値地形モデル法，マップディジタイズ法，またはこれらの併用で行うものとする。したがって，本問の記述は正しい。

5について

　数値図化データの点検は，作成された出力図を用いて，空中写真および現地調査資料等により行うものとする。

　図面の点検は，後続作業からの手戻り等を防ぐため，取得漏れ，データ間の整合性等について点検する。なお，データ間の整合性とは，異種データ間では，植生界と道路縁との合い口，同一線上にあるへいおよび道路縁等の整合，同種データ間では，河川の接合部の整合，建物と建物の重なりがないか等をいう。

　したがって，本問の記述は正しい。

9　ディジタルステレオ図化機の特徴

■正解■　4

■解説■

aについて

　ディジタルステレオ図化機は，本問で記述されているものの他にステレオ視装置等から構成されて

いる。

bについて

　ディジタルステレオ図化機で使用するディジタル画像は，フィルム航空カメラで撮影したロールフィルムを空中写真用スキャナにより数値化して取得するほか，ディジタル航空カメラにより取得する。

cについて

　ディジタルステレオ図化機は，内部標定，相互標定，対地標定の機能，または，外部標定要素によりステレオモデルの構築および表示が行えるものとする。

dについて

　一般にディジタルステレオ図化機を用いることにより，数値地形モデルを作成することができる。

　したがって，最も適当な組合せは4である。

10　ディジタルステレオ図化機の特徴

■正解■　　2

■解説■

　数値画像を計測するディジタルステレオ図化機の構成および機能は，下記のものを標準とする。

ⅰ．ディジタルステレオ図化機は，電子計算機，ステレオ視装置，スクリーンモニターおよび三次元マウス，またはXYハンドル，Z盤等で構成されるものとする。

ⅱ．内部標定，相互標定，対地標定の機能または外部標定要素によりステレオモデルの構築および表示が行えるものとする。

ⅲ．X，Y，Zの座標値と所定のコードが入力および記録できる機能を有するものとする。

ⅳ．ディジタルステレオ図化機の画像計測の性能は，0.1画素以内まで読めるものとする。

1について

　ディジタルステレオ図化機は，数値図化データを画面上で確認することができる。したがって，本問の記述は正しい。

2について

　ディジタルステレオ図化機を用いた場合，数値地形モデルのデータをそのまま採用し，成果とする場合は，点検プログラムまたは出力図等により，データの点検を行うものとする。したがって，本問の記述は誤りである。

3について

　ディジタルステレオ図化機を用いて，ステレオモデルを構築し，地形，地物等の座標値を取得し，数値地形モデルを作成することができる。したがって，本問の記述は正しい。

4，5について

　本問の記述のとおりである。

11　数値地形図データ作成の作業工程

■正解■　2

■解説■

　空中写真測量による数値地形図データ作成の標準的な作業工程は下記のとおりである。

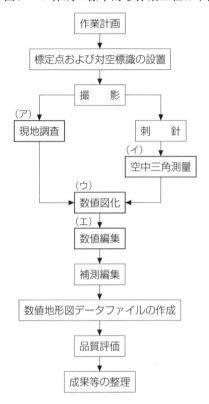

```
                    ┌─────────┐
                    │ 作業計画 │
                    └─────────┘
                         │
          ┌──────────────────────────────┐
          │ 標定点および対空標識の設置 │
          └──────────────────────────────┘
                         │
                    ┌─────────┐
                    │ 撮　　影 │
                    └─────────┘
          ┌──────────────┴──────────────┐
       (ア)                           
   ┌─────────┐                  ┌─────────┐
   │ 現地調査 │                  │ 刺　針 │
   └─────────┘                  └─────────┘
          │                     (イ)
          │               ┌─────────────┐
          │               │ 空中三角測量 │
          │               └─────────────┘
          │        (ウ)         │
          │   ┌─────────┐◄──────┘
          └──►│ 数値図化 │
              └─────────┘
               (エ)│
              ┌─────────┐
              │ 数値編集 │
              └─────────┘
                   │
              ┌─────────┐
              │ 補測編集 │
              └─────────┘
                   │
      ┌──────────────────────────┐
      │ 数値地形図データファイルの作成 │
      └──────────────────────────┘
                   │
              ┌─────────┐
              │ 品質評価 │
              └─────────┘
                   │
              ┌─────────┐
              │ 成果等の整理 │
              └─────────┘
```

　したがって，工程別作業区分の組合せとして最も適当なものは 2 である。

12　正射投影画像の特徴

■正解■　1

■解説■

1について

　地理情報システム（GIS）は，複数の情報を地図上で重ね合わせ，視覚的に判読しやすい状態で表示できる。また，GIS で重ね合わせられる情報は種々あるが，地表の状態をありのままに写しとった空中写真データもその一つである。したがって，本問の記述は誤りである。

2について

　写真地図は，一定の縮尺で撮影されており，地形図と同様に図上で距離を計測することができる。したがって，本問の記述は正しい。

3について

　写真地図は，地形図のように等高線や標高点等が表示されていないので，図上で土地の傾斜を計測

することはできない。したがって，本問の記述は正しい。

4について

写真地図は，オーバーラップして撮影されていても，立体感を形作る横視差がないので実体視することはできない。したがって，本問の記述は正しい。

5について

正射変換により，空中写真が持つ標高に起因する投影の特性である水平位置のひずみ（ずれ）を取り除くことができるが，ひずみは，起伏の激しい場所の方が，平坦地より大きくなる。したがって，本問の記述は正しい。

13　空中写真のオーバーラップ

■正解■　3

■解説■

主点基線長（b），オーバーラップ（p），画面の大きさ（d）の間には，次の関係式が成り立つ。

$$b = (1-p)d$$

$$1-p = \frac{b}{d}$$

$$p = 1 - \frac{b}{d}$$

ここで，縦視差のない状態で並べて置いたものであるので，主点基線長（b）は

$b = 30\,\mathrm{cm} - 25\,\mathrm{cm} = 5\,\mathrm{cm}$ となる。

よって

$$p = 1 - \frac{5}{23} = \frac{23-5}{23} \fallingdotseq 0.78$$

したがって，重複度（オーバーラップ）（p）は

$$p = 0.78 \times 100 = 78(\%)$$

14　鉛直空中写真の性質

■正解■　3

■解説■

図3において，2つの高塔A，Bの実距離Lは

$$L = 0.029 \times 25{,}000 = 725\ [\mathrm{m}]$$

したがって，下式が成り立つ。

$$\frac{0.075}{L} = \frac{0.15}{H}$$

$$0.075H = 0.15L$$

$$H = \frac{0.15L}{0.075} = \frac{0.15 \times 725}{0.075}$$

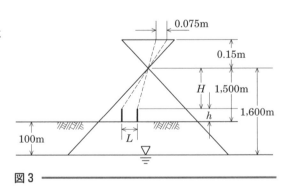

図3

$$= 1,450 \, [\text{m}]$$

よって，求める高塔の高さ h は

$$h = 1,500 - 1,450$$

$$= 50 \, [\text{m}]$$

15 鉛直空中写真の性質

■正解■ 3

■解説■

写真上の像のずれ（ひずみ）の大きさは，下式より求めることができる。

$$\Delta \ell = \frac{h\ell}{H}$$

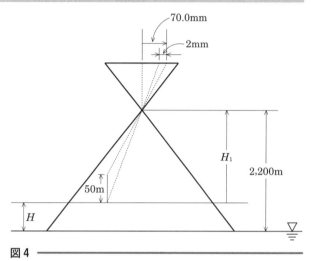

図4

$\Delta \ell$：ずれ（ひずみ）の大きさ（写真上に写っている像の長さ）

h：地上での地物の高さ

ℓ：写真上の鉛直点から像の先端までの長さ

H：撮影高度

図4において，$\Delta \ell = 2 \, \text{mm}$，$h = 50 \, \text{m} = 50,000 \, \text{mm}$，$\ell = 70.0 \, \text{mm}$ より

$$2 = \frac{50,000 \times 70}{H_1}$$

$$H_1 = \frac{50,000 \times 70}{2}$$

$$= 1,750,000 \, [\text{mm}]$$

$$= 1,750 \, [\text{m}]$$

高塔が立っている地表面の標高 H は

$$H = 2,200 - 1,750$$

$$= 450 \, [\text{m}]$$

したがって，本問は3が正解である。

16 鉛直空中写真の性質

■正解■ 3

■解説■

図5において，山頂における縮尺が $1/12,500$ より

$$\frac{0.15}{H_2} = \frac{1}{12,500}$$

$$H_2 = 0.15 \times 12,500$$

$$= 1,875 [\text{m}]$$

よって，海抜撮影高度 H_3 は

$$H_3 = H_2 + 880$$

$$= 1,875 + 880$$

$$= 2,755 [\text{m}]$$

また，プラットホームのある地点
の撮影高度 H_1 は

$$\frac{0.0055}{90} = \frac{0.15}{H_1}$$

$$H_1 = \frac{0.15 \times 90}{0.0055}$$

$$\fallingdotseq 2,455 [\text{m}]$$

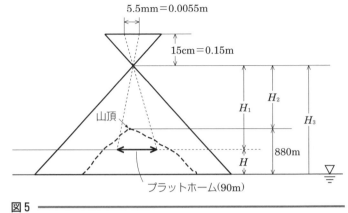

図5

したがって，プラットホームのある地点付近の標高 H は

$$H = H_3 - H_1$$

$$= 2,755 - 2,455$$

$$= 300 [\text{m}]$$

17　鉛直空中写真の性質

■正解■　1

■解説■

図6において，この写真の撮影高度を $H'[\text{m}]$ とすると次の比例式が成り立つ。

$$0.0099 : 120 = 0.15 : H'$$

$$0.0099 H' = 120 \times 0.15$$

$$H' = \frac{120 \times 0.15}{0.0099}$$

$$= 1,818 [\text{m}]$$

したがって，海抜撮影高度 H は

$$H = H' + 225$$

$$= 1,818 + 225$$

$$= 2,043$$

$$\fallingdotseq 2,040 [\text{m}]$$

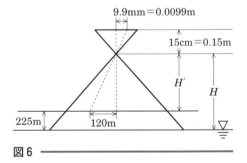

図6

18　鉛直空中写真の性質

■正解■　5

■解説■

まずこの写真の撮影高度（H）を求める

$$\frac{f}{H} = \frac{1}{10,000}$$

$$H = 10,000f = 10,000 \times 15 = 150,000 [\text{cm}] = 1,500,000 [\text{mm}]$$

煙突の高さ (h_1) は

$$\Delta \ell = \frac{h_1 \ell}{H}$$

ただし，$\Delta \ell$：ずれ（ひずみ）の大きさ

ℓ：写真上の鉛直点（主点）から像の先端までの長さ

H：撮影高度

$$h_1 = \frac{\Delta \ell H}{\ell} = \frac{2 \times 1,500,000}{60}$$

$$= 50,000 [\text{mm}]$$

$$= 50 [\text{m}]$$

橋の長さ (L) は

$$L = 2 \times 10,000 = 20,000 [\text{cm}]$$

$$= 200 [\text{m}]$$

したがって，橋の長さは，煙突の高さの 4 倍である。

19 鉛直空中写真の性質

■正解■ 3

■解説■

図 7 において

$$H' = H - 400 = 3,600 [\text{m}]$$

標高 400 m の平坦な土地の鉛直空中写真の縮尺の分母を m とすると

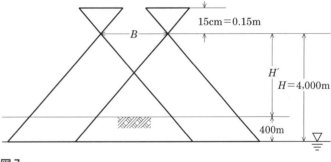

図 7

$$\frac{1}{m} = \frac{0.15}{3,600}$$

$$m = \frac{3,600}{0.15} = 24,000$$

画面の大きさ d は，$d = 23$ cm より

$$b = (1-p)d$$

ただし，b：主点間距離

p：オーバーラップ

$$b = (1-0.6) \times 0.23$$

$$= 0.092 [\text{m}]$$

撮影基線長を B とすると

$B = bm$

$\quad = 0.092 \times 24,000$

$\quad = 2,208\,[\mathrm{m}] \fallingdotseq 2.2\,[\mathrm{km}]$

20　鉛直空中写真の性質

■正解■　2

■解説■

　シャッター間隔は，1枚の写真から2枚目の写真を撮るまでの所要時間をいう。また，1枚目の写真から2枚目の写真を撮るまでに飛行した距離を撮影基線長（B）というが，本問は，この撮影基線長を飛行する時間を求める問題である。

　図8において，

$b = (1-p)d$

$\quad b$：主点基線長

$\quad p$：重複度

$\quad d$：画面の大きさ

$b = (1-0.6) \times 0.23$

$\quad = 0.092\,[\mathrm{m}]$

$B = bm$

$\quad m$：縮尺の分母

$B = 0.092 \times 8,000$

$\quad = 736\,[\mathrm{m}]$

　また，航空機の対地速度 $200\,\mathrm{km/h}$ を秒速に直すと

$\dfrac{200 \times 1,000}{3,600} = 55.6\,[\mathrm{m/sec}]$

　したがって，シャッター間隔（t）は

$t = \dfrac{736}{55.6} \fallingdotseq 13.2\,[\mathrm{sec}]$

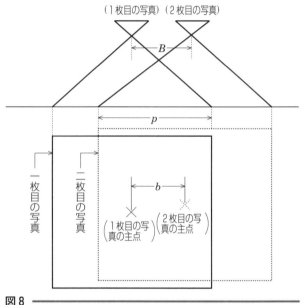

（1枚目の写真）（2枚目の写真）

図8

21　鉛直空中写真の性質

■正解■　1

■解説■

　オーバラップが60%，画面の大きさが23 cm×23 cmより，主点基線長 b は

$b = (1-0.6) \times 0.23$

$\quad = 0.092\,[\mathrm{m}]$

図 9 における B（撮影基線長）は，1 枚目の写真と 2 枚目の写真を撮影する間に飛行した距離であり，対地速度 207 km で 4 秒ごとに撮影すると

$$B = \frac{207,000}{3,600} \times 4$$

$$= 230 \text{ [m]}$$

また，この際の写真の縮尺の分母を m とすると，$B = bm$ より

$$230 = 0.092m$$

$$m = \frac{230}{0.092} = 2,500$$

したがって，撮影可能な最大の縮尺は 1/2,500 である。

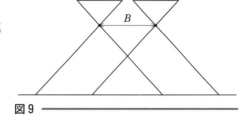

図9

22　鉛直空中写真の性質

■正解■　5

■解説■

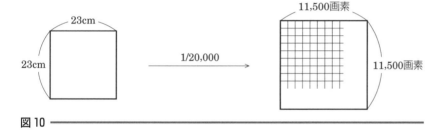

図10

図 10 において，数値化した空中写真のデータの実際の 1 辺の長さ ℓ_1 は

$$\ell_1 = 23 \text{ [cm]} \times 20,000 = 460,000 \text{ [cm]}$$

この長さが，一辺が 11,500 画素の長さに相当しているので

$$460,000 \text{ [cm]} \div 11,500 = 40 \text{ [cm]}$$

よって，数値化した空中写真データ 1 画素の撮影基準面における寸法は 40 [cm] である。したがって，本問は 5 が正解である。

23　鉛直空中写真の性質

■正解■　3

■解説■

画素寸法は，ディジタル航空カメラの撮像面での 1 画素の大きさをいい，この 1 画素に対応する地上の画素寸法（L）を求めればよい。

図11において,

$$9\mu : 0.105 = L : 2{,}800$$

$$0.105L = 9\mu \times 2{,}800$$

$$L = \frac{9\mu \times 2{,}800}{0.105}$$

ここで, $1\mu = \dfrac{1}{1{,}000{,}000} = 0.000001$ より

$$L = \frac{9 \times 0.000001 \times 2{,}800}{0.105} = 0.24[\text{m}] = 24[\text{cm}]$$

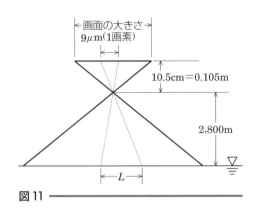

図11

24 鉛直空中写真の性質

■正解■ 3

■解説■

素子寸法が $12\mu\text{m}$ ということは, 1画素の縦・横の画面の大きさが $12\mu\text{m}$ であるので, 12,500画素の大きさは, $12 \times 0.000001 \times 12{,}500[\text{m}] = 12 \times 0.000001 \times 12{,}500 \times 100[\text{cm}] = 15\,\text{cm}$ であり, 7,500画素の大きさは, $12 \times 0.000001 \times 7{,}500 \times 100 = 9\,\text{cm}$ である。

図12において, 対地高度は $2{,}050 - 50 = 2{,}000[\text{m}]$ よりこの空中写真の縮尺は

$$\frac{0.12}{2{,}000} = \frac{1}{16{,}667}$$

また, 主点基線長 b は

$$b = (1 - p)d \quad (p:重複度, \ d:画面の大きさ)$$

$$= (1 - 0.6) \times 9$$

$$= 3.6[\text{cm}]$$

したがって, 撮影基線長 B は

$$B = bm \quad (m:縮尺の分母)$$

$$= 3.6 \times 16{,}667$$

$$= 60{,}000[\text{cm}]$$

$$= 600[\text{m}]$$

よって, 数値の組合せとして最も適当なものは3である。

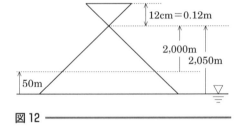

図12

一口アドバイス

写真測量の文章問題は専門的な用語も多く, 非常に理解しにくい面が多くあります。

本問の解説をじっくりと繰り返し繰り返し読んで, 覚えていって欲しいと思います。

第13章 最新測量技術の応用

1 地理情報システムの特徴

■正解■　3

■解説■

1について

　ラスタデータからベクタデータに変換（これを，ラスタ・ベクタ変換という）するには，ラスタで得られた線の幅を順々に細くしていき，1画素の幅をもった線にしてからベクタデータに変換する方法等があるが，もとのラスタデータ以上の位置精度は得られない。したがって，本問の記述は正しい。

2について

　衛星画像データやスキャナを用いて取得した画像データは，ラスタデータであり，本問の記述は正しい。

3について

　ネットワーク解析による最短経路検索を行う場合，線的情報を扱うベクタデータと，面情報を扱うラスタデータを併用して検索した方がより迅速に行うことができる。したがって，本問の記述は誤りである。

4について

　ベクタデータには，地形図の凡例（地形図に表示されている主要な記号）や，注記（文字による表示をいい，地域，人工物，自然物等の名称および標高・等高線の数値などをいう）などを参考にして属性を付与する。したがって，本問の記述は正しい。

5について

　ラスタデータは，画像データであり，背景画像として利用されることが多い。したがって，本問の記述は正しい。

2 地理情報システムの特徴

■正解■　5

■解説■

1について

　スキャナを用いて，地形図などに表現されている図形的情報を，ラスタデータとして数値化したのち，細線化，芯線化処理などにより，ラスタデータをベクタデータに変換することができる。したがって，本問の記述は正しい。

2について

　ベクタデータは，座標値をもった点列によって表現される図形データであり，この座標値を用いて図形の面積を算出することができる。したがって，本問の記述は正しい。

3について

　ラスタデータとは，行と列に並べられた画素の配列によって構成される画像データをいい，これに

よって地物などの位置や形状を表すことができる。したがって，本問の記述は正しい。

4について

　最短経路検索には，面情報のラスタデータよりも，線情報のベクタデータの方が使いやすい。したがって，本問の記述は正しい。

5について

　ラスタデータ（面情報）は，拡大表示しても，地物などが拡大されるのみで，詳細な形状は見ることはできない。したがって，本問の記述は誤りである。

3　地理情報システムの特徴および機能

■正解■　2

■解説■

1について

　ラスタデータを細線化，芯線化処理等により，ベクタデータに変換し，変換されたベクタデータは，既存のベクタデータと重ね合わせて表示することができる。したがって，本問の記述は正しい。

2について

　ベクタデータは，座標値をもった点列によって表現される図形データをいい，本問はラスタデータに関するものである。したがって，本問の記述は誤りである。

3について

　ベクタデータは，座標値をもっており，閉じた図形であるならば，座標値を用いて面積を算出することができる。したがって，本問の記述は正しい。

4について

　鉄道線を含めて，ベクタデータには，属性として路線名，建物の階数，標高点の値などを付与することができる。したがって，本問の記述は正しい。

5について

　本問の記述のとおりである。

4　地理空間情報の性質

■正解■　2

■解説■

1について

　ベクタデータは，点（ノード），点と点を結ぶ線（チェーン），線で囲まれた面（ポリゴン）で構成され，それぞれに属性（付属データ）を付与することができるため，地理情報システム（GIS）での処理に向いており，既成図の数値化における成果の形式の標準とされている。したがって，本問の記述は正しい。

2について

　衛星画像データやスキャナを用いて取得した地図画像データは，ラスタデータである。したがって，

本問の記述は誤りである。

3について

　ベクタデータは，座標値を持った点列によって表現される図形データであり，鉄道の軌道中心線のような線状地物を位相構造解析に利用する場合は，ラスタデータよりもベクタデータの方が適している。したがって，本問の記述は正しい。

4，5について

　いずれも本問の記述のとおりである。

　よって，2が正解である。

5　地理空間情報の性質

■正解■　3

■解説■

　地理空間情報をある目的で利用するためには，目的に合った地理空間情報の所在を検索し，入手する必要がある。

　クリアリングハウスは，地理空間情報の作成者がメタデータを登録し，利用者がそのメタデータをインターネット上で検索するための仕組みである。

　メタデータには，地理空間情報の作成者・管理者などの情報や，品質に関する情報などを説明するための様々な情報が記述されている。したがって，本問は3が正解である。

6　地理空間情報の性質

■正解■　1

■解説■

1について

　スキャナは，ディジタイザがベクタデータ（線情報）を取得する装置であるのに対し，ラスタデータ（面情報）を高速に取得できる装置である。したがって，衛星画像データやスキャナを用いて取得した画像データは，一般にラスタデータである。よって，本問の記述は誤りである。

2について

　本問の記述のとおりであり，ラスタとは，二次元画像データの表現において，画素ごとの情報を1行ずつ順に走査して，一次元的な配列で表す方式である。したがって，本問の記述は正しい。

3について

　地理情報標準は，お互いに異なる地理情報システム（GIS）の空間データの互換性を確保するために，必要な事項を規定したものである。したがって，本問の記述は正しい。

4，5について

　メタデータとは，空間データについて，その種類，所在，内容，品質，利用条件など，その空間データの特徴を詳細に示した情報であり，地理情報本体とは別に作成される「情報を利用するために必要な情報」ともいえる。

また，メタデータが整備され，インターネットのブラウザ（インターネットや会社等で GIS データを閲覧する人）や携帯情報端末等を使ったメタデータの索引システムがあれば，どこにどのような空間データがあるか多くの人に知らせることができる。このような索引システムをクリアリングハウスと呼んでいる。したがって，本問の記述はいずれも正しい。

7 地理空間情報の性質

■**正解**■ 2

■**解説**■

基盤地図情報とは，地理空間情報のうち，電子地図上における地理空間情報の位置を定めるための基準となる測量の基準点，海岸線，公共施設の境界線，行政区画その他の国土交通省令で定めるものの位置情報であって電磁的方式により記録されたものと定められている。

また，地理空間情報とは，空間上の特定の地点または区域の位置を示す情報（空間属性）および時点に関する情報（時間属性）に加え，これらの情報に関連付けられた情報（主題属性）のことをいう。

1，3，4，5について

解説からもわかるように，1，3，4，5については，いずれも地理空間情報と GIS を組み合わせることによって作成できる分野である。したがって，本問の記述は正しい。なお，レイヤとは，層という意味を持っており，一つのデータの上に，さらに他のデータを重ねることによって，より詳細な分析ができる。

2について

行政界は形のない無形線であり，無形線は地球観測衛星「だいち」で観測しても，撮影することはできない。したがって，本問の記述は誤りである。

8 航空レーザ測量の性質

■**正解**■ 2

■**解説**■

1について

航空レーザ測量は，空中から地形・地物の標高を計測する技術であり，GNSS と IMU（空中写真の露出位置を解析するため，航空機搭載の GNSS および空中写真の露出時の傾きを検出するための 3 軸のジャイロおよび加速度計で構成される装置）により航空機の位置と姿勢を，レーザ測距儀により左右にスキャンしながら地上までのレーザ光の照射方向と地上までの距離を計測し，これらの装置の関係付け（キャリブレーション）と計測データの解析により，レーザ光反射位置の標高を解析するものである。したがって，本問の記述は正しい。

2について

航空レーザ測量は，航空機から指向性の高いレーザ光線を走査しながら標高を計測することより，天候条件としては，風速が 20 ノット（約 10 m/s）を超えず，降雨や降雪，あるいは濃霧などがなく，曇天でも雲が航空機より上空にある場合には，計測が可能である。したがって，本問の記述は誤りで

ある。

3，5について

　航空レーザ測量システムは，航空機に搭載された GNSS，IMU，レーザ測距儀，地上に設置される GNSS 基準局によって構成されるとともに，フィルタリング（オリジナルデータから地表遮へい物部分の計測データを除去すること）および点検のための航空レーザ用数値写真を同時期に撮影するために，ディジタル航空カメラの搭載が標準となっている。したがって，本問の記述は正しい。

4について

　航空レーザ測量で作成した数値地形モデル（DTM：空中写真測量から得られる地表面の等高線の地形データ）から，等高線データを発生させることができる。したがって，本問の記述は正しい。

9　航空レーザ測量の性質

■正解■　3

■解説■

1について

　航空レーザ測量は，空中から地形・地物の標高を計測する技術であり，航空機からレーザパルスを照射し，地表面や地物で反射して戻ってきたレーザパルスを解析して標高を求めるものである。したがって，本問の記述は正しい。

2について

　航空レーザ測量に使用される航空レーザ測量システムは，航空機に搭載された GPS，IMU，レーザ測距儀，地上に設置される GPS 基準局，解析ソフトウェアから構成される。したがって，本問の記述は正しい。

3について

　航空レーザ測量における天候条件としては，風速が 20 ノット（約 10m/s）を超えず，降雨や降雪，あるいは濃霧などがなく，曇天でも雲が航空機より上空にある場合には，計測が可能である。

　また，夜間は，計器飛行のためのレーダの装備や夜間操縦のための専用免許，夜間でも使用できる空港が必要など，実質的に計測は不可能である。天候が不安定な場合には，キネマティック GPS 観測精度が低下する。したがって，本問の記述は誤りである。

4について

　航空レーザ測量によって得られたオリジナルデータのうち，地表面の標高を示すデータをグラウンドデータといい，オリジナルデータからフィルタリング（オリジナルデータから地表遮へい物部分の計測データを除去すること）処理を行うことにより，地表面の標高データを作成することができる。したがって，本問の記述は正しい。

5について

　航空レーザ測量において，レーザ測距装置の位置をキネマティック GPS 測量で求めるために地上GPS 基準局を設置するが，この際，GPS 基準局の設置は，電子基準点の利用に代えることができる。したがって，本問の記述は正しい。

よって，3が正解である。

10　航空レーザ測量の性質

■正解■　1

■解説■

　航空レーザ測量に関する問題は，公共測量作業規程の準則が平成 20 年 3 月に 57 年ぶりに改正になり，新技術を反映した多様な測量方法の規定が新たに加わったのに伴い出題されたものと考えられる。

　今後出題される頻度が高くなることが予想されるが，航空レーザ測量の概念だけはしっかりと覚えておくようにするとよい。

　本問のア～オに入る語句は 1 が正解であるが，それぞれの語句の定義は下記のとおりである。

ア．GPS ／ IMU 装置

　空中写真の露出位置を解析するため，航空機搭載の GPS および空中写真の露出時の傾きを検出するための 3 軸のジャイロおよび加速度計で構成される IMU（慣性計測装置），解析ソフトウェア，電子計算機および周辺機器で構成されるシステムで，作業に必要な精度を有するものをいう。

イ．調整用基準点

　三次元計測データ（航空レーザ計測によって得られた計測データを統合解析し，ノイズ等のエラー計測部分を削除した標高データをいう）の点検および調整を行うための基準点をいい，調整用基準点の計測は，作業地域，作業方法等の条件を考慮し，4 級基準点測量および 4 級水準測量により実施するものとする。

ウ．オリジナルデータ

　調整用基準点等を用いて三次元計測データの点検調整を行った標高データをいう。

エ．グラウンドデータ

　オリジナルデータから地表遮へい物部分の計測データを除去した（フィルタリングという）標高データをいう。

オ．水部ポリゴンデータ

　レーザ光線は水面では吸収されたり波や汚濁で反射されたり，水位によって標高が変化したりしてバラツキが生じる。このバラツいた標高を除去し，一定の高さを内挿するために作成されるデータをいう。

　また，準則に用いられている用語にグリットデータがあるが，グリットデータとは，グラウンドデータを必要に応じた任意のグリット単位に整理した格子状の標高である，数値標高モデル（DEM という）をいう。

2024年版　測量士補試験問題集　　　　　表紙デザイン——田内　秀

2024 年 3 月 10 日　初版第 1 刷発行

●著作者　林　敏幸

●発行者　小田良次

●印刷所　株式会社太洋社

〒102-8377
東京都千代田区五番町 5
電話〈営業〉（03）3238-7777
〈編修〉（03）3238-7854
〈総務〉（03）3238-7700
https://www.jikkyo.co.jp/

●発行所　実教出版株式会社

ISBN 978-4-407-36352-4

測量士補試験問題集

令和5年測量士補試験問題

〔No. 1〕

　次の文は，測量法（昭和24年法律第188号）に規定された事項について述べたものである。明らかに間違っているものはどれか。次の中から選べ。

1. 測量業とは，基本測量，公共測量又は基本測量及び公共測量以外の測量を請け負う営業をいう。

2. 測量成果とは，当該測量において最終の目的として得た結果をいい，測量記録とは，測量成果を得る過程において得た作業記録をいう。

3. 基本測量の永久標識の汚損その他その効用を害するおそれがある行為を当該永久標識の敷地又はその付近でしようとする者は，理由を記載した書面をもって，国土地理院の長に当該永久標識の移転を請求することができる。この移転に要した費用は，国が負担しなければならない。

4. 公共測量は，基本測量又は公共測量の測量成果に基づいて実施しなければならない。

5. 測量計画機関は，公共測量を実施しようとするときは，あらかじめ，当該公共測量の目的，地域及び期間並びに当該公共測量の精度及び方法を記載した計画書を提出して，国土地理院の長の技術的助言を求めなければならない。

〔No. 2〕

次の a ～ e の文は，公共測量における対応について述べたものである。その対応として明らかに間違っているものだけの組合せはどれか。次の中から選べ。

a. 道路上で水準測量を実施するため，あらかじめ所轄警察署長に道路使用許可申請書を提出し，許可を受けて水準測量を行った。

b. 空中写真測量において，対空標識設置完了後に，使用しなかった材料は現地で処分せず全て持ち帰ることにして，作業区域の清掃を行った。

c. 水準測量における新設点の観測を速やかに行うため，永久標識設置から観測までの工程を同一の日に行った。

d. 夏季に行う現地作業に当たり，熱中症対策としてこまめに水分補給等をして，休憩を取りながら作業を行った。

e. 現地測量に当たり，近傍の四等三角点の測量成果を国土地理院のウェブサイトで閲覧できたため，国土地理院の長の使用承認は得ずに，出典の明示をして使用した。

1. a，c
2. a，d
3. b，d
4. b，e
5. c，e

4

〔No. 3〕

次の文の ┃ ア ┃ 及び ┃ イ ┃ に入る数値の組合せとして最も適当なものはどれか。次の中から選べ。

なお，関数の値が必要な場合は，巻末の関数表を使用すること。

三角形 ABC で∠ABC の角度を同じ条件で 5 回測定し，表 3 の結果を得た。このとき，∠ABC の角度の最確値の標準偏差の値は ┃ ア ┃ となる。

また，表 3 の測定値の最確値を∠ABC の角度とし，辺 AB の辺長を 3.0 m，辺 BC の辺長を 8.0 m としたとき，辺 CA の辺長は ┃ イ ┃ となる。

表 3

測定値
59° 59′ 57″
60° 0′ 1″
59° 59′ 59″
60° 0′ 5″
59° 59′ 58″

	ア	イ
1.	1.4″	7.0 m
2.	1.4″	9.8 m
3.	2.8″	5.6 m
4.	2.8″	9.8 m
5.	3.2″	7.0 m

〔No. 4〕

　　次の文は，地球の形状及び測量の基準について述べたものである。明らかに間違っているもの
はどれか。次の中から選べ。

1.　地球上の位置を緯度，経度で表すための基準として，地球の形状と大きさに近似した回転楕
　　円体が用いられる。
2.　世界測地系において，回転楕円体はその中心が地球の重心と一致するものであり，その長軸
　　が地球の自転軸と一致するものである。
3.　GNSS 測量で直接得られる高さは，楕円体高である。
4.　ジオイド高は，楕円体高と標高の差から計算できる。
5.　地心直交座標系（平成 14 年国土交通省告示第 185 号）の座標値から，当該座標の地点におけ
　　る緯度，経度及び楕円体高を計算できる。

〔No. 5〕

　　次の文は，公共測量におけるトータルステーションを用いた多角測量について述べたものであ
る。明らかに間違っているものはどれか。次の中から選べ。

1.　水平角観測，鉛直角観測及び距離測定は，1 視準で同時に行うことを原則とする。
2.　水平角観測は，1 視準 1 読定，望遠鏡正及び反の観測を 2 対回とする。
3.　水平角観測及び鉛直角観測の良否を判定するため，観測点において倍角差，観測差及び高度
　　定数の較差を点検する。
4.　距離測定は，1 視準 2 読定を 1 セットとする。
5.　距離測定の気象補正に使用する気温及び気圧の測定は，距離測定の開始直前又は終了直後に
　　行う。

〔No. 6〕

図6は，公共測量における多角測量による基準点測量の標準的な作業工程を示したものである。

図中の　ア　～　オ　に入る語句の組合せとして最も適当なものはどれか。次の中から選べ。

作業計画 → ア → イ → 観測 → ウ → エ → オ

→ 成果等の整理

図6

	ア	イ	ウ	エ	オ
1.	選点	測量標の設置	点検計算	品質評価	平均計算
2.	選点	測量標の設置	平均計算	点検計算	品質評価
3.	選点	測量標の設置	点検計算	平均計算	品質評価
4.	測量標の設置	選点	平均計算	点検計算	品質評価
5.	測量標の設置	選点	品質評価	平均計算	点検計算

〔No. 7〕

　公共測量におけるトータルステーションを用いた1級基準点測量において,図7に示すように,既知点Aと新点Bとの間の距離及び高低角の観測を行い,表7の観測結果を得た。Dを斜距離,α_Aを既知点Aから新点B方向の高低角,α_Bを新点Bから既知点A方向の高低角,i_A,f_Aを既知点Aの器械高及び目標高,i_B,f_Bを新点Bの器械高及び目標高とするとき,新点Bの標高は幾らか。最も近いものを次の中から選べ。

　ただし,既知点Aの標高は10.00 mとし,Dは気象補正等必要な補正が既に行われているものとする。

　なお,関数の値が必要な場合は,巻末の関数表を使用すること。

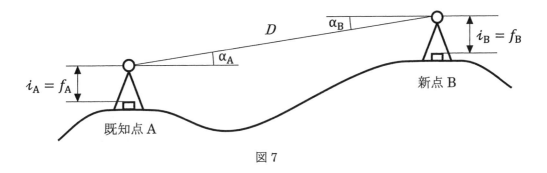

図7

表7

α_A	11° 00′ 05″
α_B	−10° 59′ 55″
D	1,000.000 m
i_A,　f_A	1.500 m
i_B,　f_B	1.600 m

1.　190.71 m

2.　190.81 m

3.　200.71 m

4.　200.81 m

5.　204.28 m

〔No. 8〕

次の a 〜 d の文は,公共測量における GNSS 測量機を用いた基準点測量について述べたものである。 ア 〜 エ に入る語句の組合せとして最も適当なものはどれか。次の中から選べ。

a. 準天頂衛星は GPS 衛星と同等の衛星として扱うことが ア 。

b. 2 周波で基線解析を行うことにより, イ の影響による誤差を軽減することができる。

c. 基線解析を行うには,測位衛星の ウ が必要である。

d. 電子基準点のみを既知点とした 2 級基準点測量において, エ の緯度及び経度は,成果表の値又はセミ・ダイナミック補正を行った値のいずれかとする。

	ア	イ	ウ	エ
1.	できない	対流圏	飛来情報	基線解析の固定点
2.	できる	電離層	軌道情報	基線解析の固定点
3.	できない	電離層	飛来情報	三次元網平均計算で使用する既知点
4.	できる	対流圏	軌道情報	三次元網平均計算で使用する既知点
5.	できる	電離層	軌道情報	三次元網平均計算で使用する既知点

〔No. 9〕

　GNSS 測量機を用いた基準点測量を行い，基線解析により基準点 A から基準点 B 及び基準点 C から基準点 B までの基線ベクトルを得た。

　表 9 は，地心直交座標系（平成 14 年国土交通省告示第 185 号）における X 軸，Y 軸，Z 軸方向について，それぞれの基線ベクトル成分（ΔX, ΔY, ΔZ）を示したものである。基準点 A から基準点 C までの斜距離は幾らか。最も近いものを次の中から選べ。

　なお，関数の値が必要な場合は，巻末の関数表を使用すること。

表 9

区間	基線ベクトル成分		
	ΔX	ΔY	ΔZ
A → B	＋400.000 m	＋100.000 m	＋300.000 m
C → B	＋200.000 m	－500.000 m	＋500.000 m

1.　　489.898 m

2.　　663.325 m

3.　　720.912 m

4.　　870.179 m

5.　1,077.032 m

〔No. 10〕

次の a ～ e の文は，公共測量における 1 級水準測量について述べたものである。明らかに間違っているものだけの組合せはどれか。次の中から選べ。

a. 三脚の沈下による誤差を軽減するため，標尺を後視，後視，前視，前視の順に読み取る。

b. 標尺補正のための温度測定は，観測の開始時，終了時及び固定点到着時ごとに実施する。

c. 電子レベルの点検調整においては，円形水準器及び視準線の点検調整並びにコンペンセータの点検を行う。

d. 点検調整は，観測着手前と観測期間中おおむね 10 日ごとに実施する。

e. 正標高補正計算を行うため，気圧を測定する。

1. a，b
2. a，e
3. b，c
4. c，d
5. d，e

〔No. 11〕

次の文は，水準測量の誤差について述べたものである。 ア ～ エ に入る語句又は数値の組合せとして最も適当なものはどれか。次の中から選べ。

a. 視準線誤差は，レベルと前視標尺，後視標尺の視準距離を ア することで消去できる。

b. レベルの イ の傾きによる誤差は，三脚の特定の2脚を進行方向に平行に設置し，そのうちの1本を常に同一標尺の方向に向けて設置することで軽減できる。

c. 標尺の零点誤差は，測点数を ウ とすることで消去できる。

d. 公共測量における1級水準測量では，標尺の下方 エ cm以下を読定しないものとする。

	ア	イ	ウ	エ
1.	等しく	鉛直軸	偶数回	20
2.	短く	水平軸	奇数回	20
3.	等しく	水平軸	偶数回	10
4.	短く	鉛直軸	奇数回	10
5.	等しく	鉛直軸	奇数回	10

〔No. 12〕

図 12 は，水準測量における観測の状況を示したものである。標尺の長さは 3 m であり，図 12 のように標尺がレベル側に傾いた状態で測定した結果，読定値が 1.500 m であった。標尺の上端が鉛直に立てた場合と比較してレベル側に水平方向で 0.210 m ずれていたとすると，標尺の傾きによる誤差は幾らか。最も近いものを次の中から選べ。

なお，関数の値が必要な場合は，巻末の関数表を使用すること。

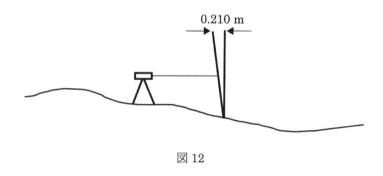

図 12

1.　　4 mm

2.　10 mm

3.　14 mm

4.　20 mm

5.　24 mm

〔No. 13〕

　公共測量における1級水準測量を図13に示す区間で行ったところ，表13の観測結果を得た。この観測結果を受けて取るべき対応はどれか。最も適切なものを次の中から選べ。

　ただし，往復観測値の較差の許容範囲は，観測距離 S を km 単位として 2.5 mm$\sqrt{S}$ で与えられる。

　なお，関数の値が必要な場合は，巻末の関数表を使用すること。

観測区間　　①　　　　　　　②　　　　　　　③　　　　　　　④
水準点A ── 固定点1 ── 固定点2 ── 固定点3 ── 水準点B

図 13

表 13

観測区間	往路の観測高低差	復路の観測高低差	観測距離
①	+5.3281 m	−5.3285 m	250 m
②	+5.9640 m	−5.9645 m	250 m
③	+5.7383 m	−5.7389 m	250 m
④	+5.0257 m	−5.0269 m	250 m

1.　はじめに②を再測する。

2.　はじめに③を再測する。

3.　はじめに④を再測する。

4.　順序は関係なく①〜④の全てを再測する。

5.　再測は必要ない。

〔No. 14〕

　図 14 は，ある道路の縦断面を模式的に示したものである。この道路において，GNSS 測量により縮尺 1/1,000 の地形図作成を行うため，縦断面上の点 A ～ C の 3 点で観測を実施した。点 A の標高は 78 m，点 B の標高は 73 m，点 C の標高は 69 m で，点 A と点 B の間の水平距離は 50 m，点 B と点 C の間の水平距離は 48 m であった。

　このとき，点 A と点 B の間を結ぶ道路とこれを横断する標高 75 m の等高線との交点を X，点 B と点 C の間を結ぶ道路とこれを横断する標高 70 m の等高線との交点を Y とすると，この地形図上における交点 X と交点 Y の間の水平距離は幾らか。最も近いものを次の中から選べ。

　ただし，点 A ～ C はこの地形図上で同一直線上にあり，点 A と点 B の間を結ぶ道路，点 B と点 C の間を結ぶ道路は，それぞれ傾斜が一定でまっすぐな道路とする。

　なお，関数の値が必要な場合は，巻末の関数表を使用すること。

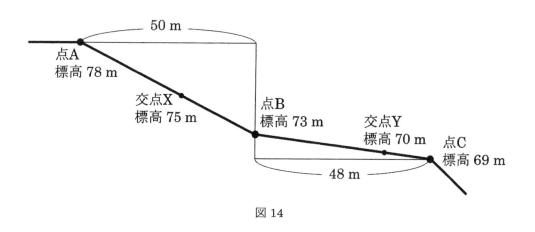

図 14

1.　3.0 cm

2.　3.6 cm

3.　4.2 cm

4.　5.6 cm

5.　7.0 cm

〔No. 15〕

　細部測量において，基準点Aにトータルステーションを整置し，点Bを観測したときに
2′40″の水平方向の誤差があった場合，点Bの水平位置の誤差は幾らか。最も近いものを次の中
から選べ。

　ただし，基準点Aと点Bの間の水平距離は97m，角度1ラジアンは (2×10^5)″とする。

　また，距離測定と角度測定は互いに影響を与えないものとし，角度測定以外の誤差は考えない
ものとする。

　なお，関数の値が必要な場合は，巻末の関数表を使用すること。

1.　　38 mm

2.　　59 mm

3.　　78 mm

4.　　97 mm

5.　　116 mm

〔No. 16〕

　次の a ～ c の文は，公共測量における，地上レーザスキャナを用いた数値地形図データの作成について述べたものである。　ア　～　ウ　に入る語句の組合せとして最も適当なものはどれか。次の中から選べ。

a.　地上レーザスキャナから計測対象物に対しレーザ光を照射し，対象物までの距離と方向を計測することにより，対象物の位置や形状を　ア　で計測する。

b.　レーザ光を用いた距離計測方法には，照射と受光の際の光の　イ　から距離を算出する　イ　方式と，照射から受光までの時間を距離に換算する TOF（タイム・オブ・フライト）方式がある。

c.　地上レーザスキャナを用いた計測方法は，平面直角座標系による方法と局地座標系による方法があり，局地座標系で計測して得られたデータは，相似変換による方法又は　ウ　交会による方法を用いて，平面直角座標系に変換する。

	ア	イ	ウ
1.	三次元	反射強度差	前方
2.	二次元	位相差	前方
3.	三次元	位相差	後方
4.	三次元	位相差	前方
5.	二次元	反射強度差	後方

〔No. 17〕

　画面距離 7 cm，画面の大きさ 17,000 画素 × 11,000 画素，撮像面での素子寸法 5 μm のデジタル航空カメラを用いて鉛直下に向けた空中写真撮影を計画した。撮影基準面での地上画素寸法を 20 cm とした場合，標高 0 m からの撮影高度は幾らか。最も近いものを次の中から選べ。

　ただし，撮影基準面の標高は 300 m とする。

　なお，関数の値が必要な場合は，巻末の関数表を使用すること。

1.　1,900 m

2.　2,200 m

3.　2,500 m

4.　2,800 m

5.　3,100 m

〔No. 18〕

次の a ～ e の文は，公共測量における写真地図作成について述べたものである。明らかに間違っているものだけの組合せはどれか。次の中から選べ。

a. 正射変換とは，数値写真を中心投影から正射投影に変換し，正射投影画像を作成する作業をいう。

b. 写真地図は，図上で水平距離を計測することができる。

c. ブレークライン法により標高を取得する場合，なるべく段差の小さい斜面等の地性線をブレークラインとして選定する。

d. 使用する数値写真は，撮影時期，天候，撮影コースと太陽位置との関係などによって現れる色調差や被写体の変化を考慮する必要がある。

e. モザイクとは，隣接する中心投影の数値写真をデジタル処理により結合する作業をいう。

1. a, c
2. a, d
3. b, d
4. b, e
5. c, e

〔No. 19〕

次の文は，公共測量において無人航空機（以下「UAV」という。）により撮影した数値写真を用いて三次元点群データを作成する作業（以下「UAV写真点群測量」という。）について述べたものである。明らかに間違っているものはどれか。次の中から選べ。

1. UAVを飛行させるに当たっては，機器の点検を実施し，撮影飛行中に機体に異常が見られた場合，直ちに撮影飛行を中止する。

2. 三次元形状復元計算とは，撮影した数値写真及び標定点を用いて，地形，地物などの三次元形状を復元し，反射強度画像を作成する作業をいう。

3. 検証点は，標定点からできるだけ離れた場所に，作業地域内に均等に配置する。

4. UAV写真点群測量は，裸地などの対象物の認識が可能な区域に適用することが標準である。

5. カメラのキャリブレーションについては，三次元形状復元計算において，セルフキャリブレーションを行うことが標準である。

〔No. 20〕

　次の文は，公共測量における航空レーザ測量について述べたものである。明らかに間違っているものはどれか。次の中から選べ。

1.　グラウンドデータとは，オリジナルデータから，地表面以外のデータを取り除くフィルタリング処理を行い作成した，地表面の三次元座標データである。

2.　航空レーザ測量では，主に近赤外波長のレーザ光を用いているため，レーザ計測で得られるデータは雲の影響を受けない。

3.　対地高度以外の計測諸元が同じ場合，対地高度が高くなると，取得点間距離は長くなる。

4.　航空レーザ測量システムは，GNSS/IMU 装置，レーザ測距装置及び解析ソフトウェアから構成される。

5.　フィルタリング及び点検のために撮影する数値写真は，航空レーザ計測と同時期に撮影する。

〔No. 21〕

　図 21 は，国土地理院がインターネットで公開しているウェブ地図「地理院地図」の一部（縮尺を変更，一部を改変）である。この図にある自然災害伝承碑の経緯度で最も近いものを次のページの中から選べ。

　ただし，表 21 に示す数値は，図の中にある裁判所及び税務署の経緯度を表す。

　なお，関数の値が必要な場合は，巻末の関数表を使用すること。

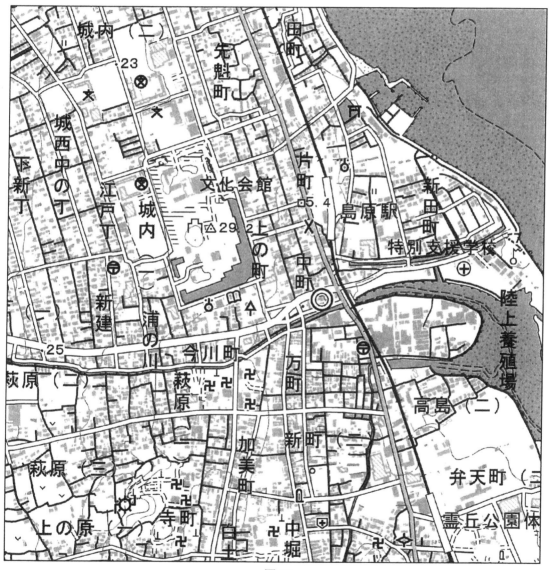

図 21

表 21

	緯度	経度
裁判所	北緯 32° 47′ 16″	東経 130° 22′ 06″
税務署	北緯 32° 46′ 56″	東経 130° 22′ 23″

〈次のページに続く〉

1. 北緯 32° 46′ 54″　東経 130° 22′ 34″
2. 北緯 32° 46′ 57″　東経 130° 22′ 15″
3. 北緯 32° 46′ 59″　東経 130° 22′ 12″
4. 北緯 32° 47′ 21″　東経 130° 22′ 35″
5. 北緯 32° 47′ 23″　東経 130° 22′ 00″

〔No. 22〕

次の a 〜 e の文は，地図投影法について述べたものである。明らかに間違っているものだけの組合せはどれか。次の中から選べ。

a. 平面直角座標系（平成14年国土交通省告示第9号）におけるX軸は，座標系原点において子午線に一致する軸とし，真北に向かう値を正としている。

b. 正角図法は，地球上と地図上との対応する点において，任意の2方向の夾（きょう）角が等しくなり，ごく狭い範囲での形状が相似となる図法である。

c. 平面に描かれた地図において，正積の性質と正角の性質を同時に満足させることは理論上不可能である。

d. ユニバーサル横メルカトル図法（UTM図法）は，北緯84°から南緯80°の間の地域を緯度差6°ずつの範囲に分割して投影している。

e. 平面直角座標系に用いることが定められている地図投影法は，ランベルト正角円錐図法である。

1. a，b
2. a，e
3. b，c
4. c，d
5. d，e

〔No. 23〕

次の文は，地図編集の原則について述べたものである。明らかに間違っているものはどれか。次の中から選べ。

1. 編集の基となる地図（基図）は，新たに作成する地図（編集図）の縮尺より小さく，かつ最新のものを使用する。

2. 地物の取捨選択は，編集図の目的を考慮して行い，重要度の高い対象物を省略することのないようにする。

3. 注記は，地図に描かれているものを分かりやすく示すため，その対象により文字の種類，書体，字列などに一定の規範を持たせる。

4. 有形線（河川，道路など）と無形線（等高線，境界など）とが近接し，どちらかを転位する場合は無形線を転位する。

5. 山間部の細かい屈曲のある等高線を総描するときは，地形の特徴を考慮する。

〔No. 24〕

　次の文は，GIS について述べたものである。　ア　～　ウ　に入る語句の組合せとして最も適当なものはどれか。次の中から選べ。

　GIS は，様々な地理空間情報とそれを加工・分析・表示するソフトウェアで構成される。GIS では，複数の地理空間情報について，　ア　ごとに分けて重ね合わせることができる。また，情報を重ね合わせるだけでなく，新たに建物や道路などの情報を追加することも可能である。この建物や道路などの情報のように，座標値を持った点又は点列によって線や面を表現する図形データを　イ　データといい，名称などの属性情報を併せ持つことができる。

　GIS の応用分野は幅広く，特に自然災害に対する防災分野においては 1995 年の阪神・淡路大震災を契機にその有用性が認められ，国・地方公共団体などで広く利用されている。防災分野における具体的な利用方法としては，ネットワーク化された道路中心線データを利用して学校から避難所までの最短ルートを導き出すことや，　ウ　を使い山地斜面の傾斜を求め，土砂災害が発生しやすい箇所を推定することなどが挙げられる。

	ア	イ	ウ
1.	レイヤ	ベクタ	数値表層モデル（DSM）
2.	レベル	ラスタ	数値表層モデル（DSM）
3.	レベル	ラスタ	数値地形モデル（DTM）
4.	レイヤ	ラスタ	数値表層モデル（DSM）
5.	レイヤ	ベクタ	数値地形モデル（DTM）

〔No. 25〕

図 25 は，平たんな土地における，円曲線始点 A，円曲線終点 B からなる円曲線の道路建設の計画を模式的に示したものである。交点 IP の位置に川が流れており，杭を設置できないため，点 A と交点 IP を結ぶ接線上に補助点 C，点 B と交点 IP を結ぶ接線上に補助点 D をそれぞれ設置し観測を行ったところ，$\alpha = 170°$，$\beta = 110°$ であった。曲線半径 $R = 300$ m とするとき，円曲線始点 A から円曲線終点 B までの路線長は幾らか。最も近いものを次の中から選べ。

なお，円周率 $\pi = 3.14$ とし，関数の値が必要な場合は，巻末の関数表を使用すること。

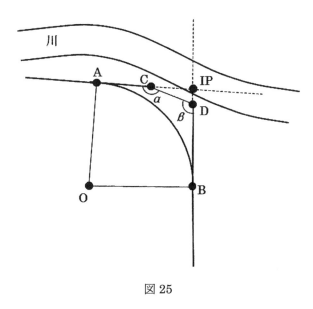

図 25

1. 382 m

2. 419 m

3. 471 m

4. 524 m

5. 576 m

〔No. 26〕

　次の文は，公共測量における路線測量について述べたものである。明らかに間違っているもの
はどれか。次の中から選べ。

1. 中心線測量とは，路線の主要点及び中心点を現地に設置し，線形地形図データファイルを作
　 成する作業をいう。道路の実施設計において中心点を設置する間隔は，20 m を標準とする。

2. 仮 BM 設置測量とは，縦断測量及び横断測量に必要な水準点（以下「仮 BM」という。）を現
　 地に設置し，標高を定める作業をいう。仮 BM を設置する間隔は，0.5 km を標準とする。

3. 縦断測量とは，中心杭等の標高を定め，縦断面図データファイルを作成する作業をいう。縦断
　 面図データファイルを図紙に出力する場合，高さを表す縦の縮尺は，距離を表す横の縮尺の 2 倍
　 から 5 倍までを標準とする。

4. 横断測量とは，中心杭等を基準にして地形の変化点等の距離及び地盤高を定め，横断面図
　 データファイルを作成する作業をいう。横断方向には，原則として見通杭を設置する。

5. 用地幅杭設置測量とは，取得等に係る用地の範囲を示すため用地幅杭を設置する作業をいう。
　 用地幅杭は，用地幅杭点座標値を計算し，近傍の 4 級基準点以上の基準点，主要点，中心点等
　 から放射法等により設置する。

〔No. 27〕

　図27は，境界点 A，B，C，D で囲まれた四角形の土地を表したもので，境界点 A 及び境界点 B は道路①との境界となっている。また，土地を構成する各境界点の平面直角座標系（平成 14 年国土交通省告示第 9 号）に基づく座標値は表 27 のとおりである。

　道路①が拡幅されることになり，新たな境界線 PQ が引かれることとなった。直線 AB と直線 PQ が平行であり，拡幅の幅が 2.000 m である場合，点 P，Q，C，D で囲まれた四角形の土地の面積は幾らか。最も近いものを次の中から選べ。

　なお，関数の値が必要な場合は，巻末の関数表を使用すること。

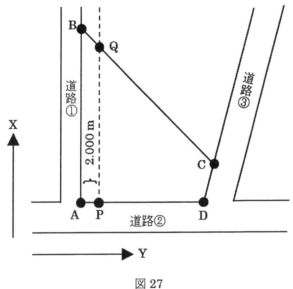

図 27

表 27

境界点	X 座標値（m）	Y 座標値（m）
A	−25.000	−10.000
B	+5.000	−10.000
C	−21.000	+16.000
D	−25.000	+15.000

1.　368 m²

2.　382 m²

3.　440 m²

4.　476 m²

5.　502 m²

〔No. 28〕

　次の文は，公共測量における河川測量について述べたものである。明らかに間違っているもの
はどれか。次の中から選べ。

1.　距離標は，堤防の法面及び法肩以外の箇所に設置するものとする。

2.　水準基標測量は，2級水準測量により行うものとする。

3.　定期縦断測量は，平地においては3級水準測量により行い，山地においては4級水準測量に
　　より行うものとする。

4.　定期横断測量とは，定期的に左右距離標の視通線上の横断測量を実施して横断面図データ
　　ファイルを作成する作業をいう。

5.　深浅測量における水深の測定は，音響測深機を用いて行うものとする。ただし，水深が浅い場
　　合は，ロッド又はレッドを用い直接測定により行うものとする。

令和 5 年度測量士補問題解答および解説

〔No. 1〕

■正解■　3

■解説■

1について

　本問の記述のとおりであり，また，測量業者も法の規定による登録を受けた者でなければならない。したがって，本問の記述は正しい。

2について

　本問の記述のとおりであり正しい。

3について

　本問の記述のとおりであるが，永久標識または一時標識の移転に要した費用は，移転を請求した者が負担しなければならない。したがって，本問の記述は誤りである。

4，5について

　いずれも本問の記述のとおりであり正しい。

〔No. 2〕

■正解■　5

■解説■

aについて

　道路上で作業を実施する場合には，使用する道路を占有することになり，交通安全の確保の観点からも，あらかじめ所轄警察署長に道路使用許可申請書を提出し，許可を受けなければならない。したがって，本問の記述は正しい。

bについて

　対空標識設置完了後に，使用しなかった材料は環境保全の観点からも，現地に放置したり，現地で処分したりすることなく，すべて持ち帰り，作業区域内の清掃を行うのが望ましい。したがって，本問の記述は正しい。

cについて

　新設点の観測は，埋設した標識が安定状態になってから行う。通常は埋設後 1 週間程度経過してから行うのが望ましい。やむを得ない場合であっても 24 時間以上経過してから行う。したがって，本問の記述は誤りである。

dについて

　作業員の健康管理の面からも本問の記述は正しい。

eについて

　現地測量に当たり，基本測量の測量成果を用いて，測量を実施する場合には，あらかじめ，国土地

理院の長の承認を得なければならない。したがって，本問の記述は誤りであり，間違っているものだけの組合せは5である。

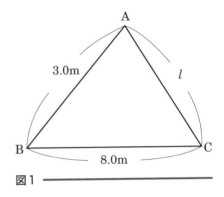

図1

〔No. 3〕

■正解■ 1

■解説■

測定条件が同一であり，その精度が等しいと考えられるとき，最確値 M は，一群の測定値の平均値で求められる。

$$M=\frac{l_1+l_2+\cdots\cdots+l_n}{n}=\frac{[l]}{n}$$

$[l]$：各測定値の総和

n：測定数の数

したがって，

$$M=59°\ 59'+\frac{57''+61''+59''+65''+58''}{5}\quad\left(\begin{array}{l}60°\ 0'\ 1''\Rightarrow59°\ 59'\ 61''\\60°\ 0'\ 5''\Rightarrow59°\ 59'\ 65''\end{array}\right)$$

$$=59°\ 59'+60''$$

$$=60°\ 00'\ 00''$$

測定条件が同一であり，一群の測定値から求めた最確値の標準偏差 m_0 は

$$m_0=\sqrt{\frac{[v\cdot v]}{n(n-1)}}$$

v：残差（各測定値－最確値）

$[v\cdot v]$：残差の平方の総和

n：測定数の数

測定値	最確値	v	$v\cdot v$
59° 59′ 57″	60° 00′ 00″	− 3″	9
60° 0′ 1″		+ 1″	1
59° 59′ 59″		− 1″	1
60° 0′ 5″		+ 5″	25
59° 59′ 58″		− 2″	4
		$[v\cdot v]$	40

したがって

$$m_0=\sqrt{\frac{40}{5\times4}}=\sqrt{2}$$

$$\fallingdotseq1.4''$$

図1において，∠ABC $=60°\ 00'\ 00''$，$\overline{AC}=l$ とすると，余弦定理より

$$l^2 = \overline{AB}^2 + \overline{BC}^2 - 2\overline{AB} \cdot \overline{BC} \quad \cos(\angle ABC)$$

$$= 3^2 + 8^2 - 2 \times 3 \times 8 \times \cos 60°$$

$$= 73 - 48 \times 0.5$$

$$= 49$$

したがって,

$$l = \sqrt{49} = 7.0[\text{m}]$$

よって，ア，イに入る数値の組合せとして最も適当なものは1である。

〔No. 4〕
■正解■　2
■解説■
1について

　国土地理院では，平成13年12月28日に「測量法施行令の一部を改正する政令」の公布により，世界標準とした「測地成果2000」に移行した。測地成果2000は，世界測地系に基づく日本の測地基準点（電子基準点・三角点等）成果で，従来の日本測地系に基づく測地基準点成果と区別するための呼称である。

　測地成果2000での経度・緯度は，世界測地系であるITRF94（International Terrestrial Reference Frame：国際地球基準座標系）とGRS80（Geodetic Reference System 1980）の楕円体を使用し，標高については，東京湾平均海面を基準にしている。したがって，本問の記述は正しい。

2について

　地心直交座標系（世界測地系）は，図2に示すとおりであり，Z軸は，回転楕円体の短軸（地球の自転軸）と一致するものである。したがって，本問の記述は誤りである。

3について

　GNSS測量では地表点（楕円体）からの楕円体高が求められる（図3参照）。したがって，本問の記述は正しい。

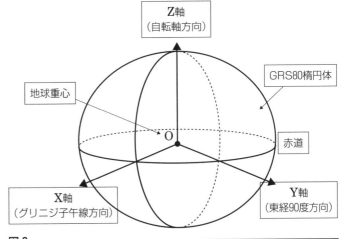

図2

4について

　図3よりわかるように，ジオイド高は，楕円体高から標高を減ずることによって求めることができる。

　したがって，本問の記述は正しい。

5について

地心直交座標系の座標は，GRS80 楕円体に整合するように定義された ITRF94 座標系の 3 次元直交座標系のことで，この座標系の座標値から，当該座標の地点における緯度，経度および楕円体高が計算できる。

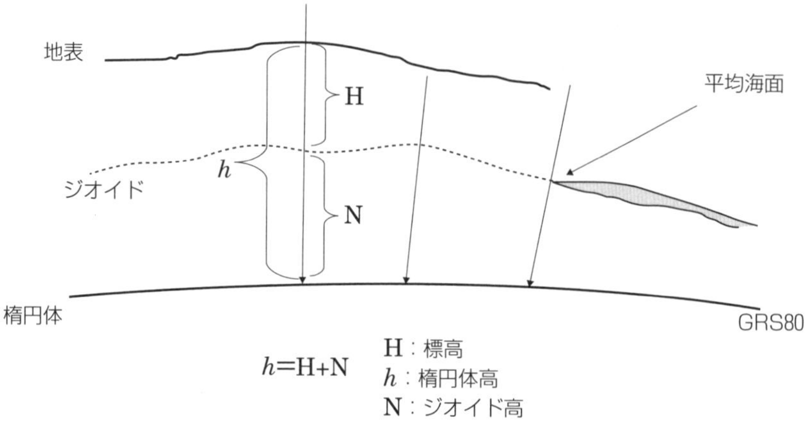

したがって，本問の記述は正しい。

よって，明らかに間違っているものは 2 である。

地表

H

平均海面

ジオイド

h

N

楕円体

GRS80

$h = H + N$

H：標高
h：楕円体高
N：ジオイド高

図 3

〔No. 5〕

■正解■　2

■解説■

1について

　トータルステーションを使用する場合は，本問の記述のとおり，水平角観測，鉛直角観測および距離測定は，1 視準で同時に行うことを原則とするものとする。したがって，本問の記述は正しい。

2について

　水平角，鉛直角観測は，1 視準 1 読定，望遠鏡正および反の観測を 1 対回とする。また，距離測定は，1 視準 2 読定を 1 セットとする。したがって，本問の記述は誤りである。

3について

　水平角の観測値の点検においては，倍角差および倍角差の点検を行い，鉛直角の観測値の点検は，高度定数の較差の点検を行う。したがって，本問の記述は正しい。

4，5について

　本問の記述のとおりであり正しい。

　したがって，明らかに間違っているものは 2 である。

〔No. 6〕

■**正解**■ 3

■**解説**■

基準点測量作業の区分および順序は，図4のとおりであり，計画機関が行う工程と，作業機関が行う工程に区分される。

したがって，ア～オに入る語句の組合せとして最も適当なものは3である。

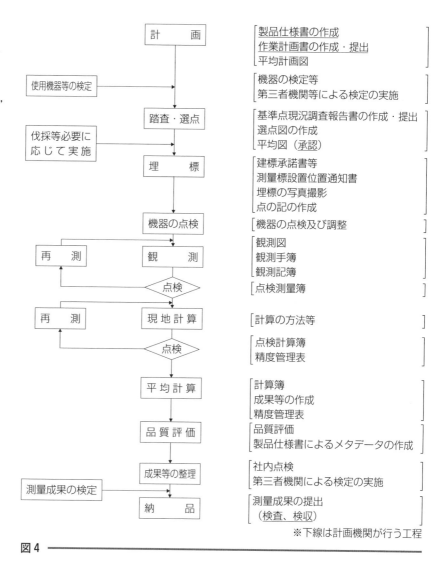

図4

〔No. 7〕

■**正解**■ 3

■**解説**■

両差を K とし，既知点Aから求めた新点Bの標高 H_{B_1} と，新点Bから求めた新点Bの標高 H_{B_2} を平均して，新点Bの標高 H_B を求める。

既知点Aに器械を設置した場合

$$\sin\alpha_A = \frac{h_A}{D}$$

$$h_A = D\sin\alpha_A$$

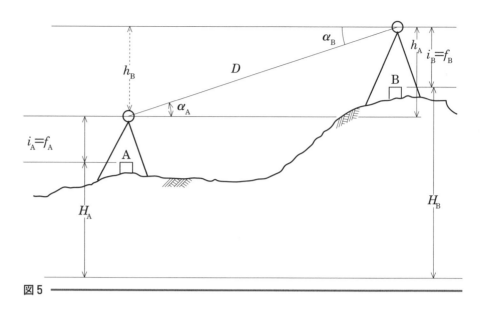

図5

$H_{B_1} = H_A + i_A + h_A - f_B + K$

$\quad = 10.00 + 1.500 + 1000\sin11°\ 00'\ 05'' - 1.600 + K$

$\quad = 9.90 + 1000\sin11°\ 00'\ 05'' + K$

ここで，$\sin11°\ 00'\ 05''$ は関数表に掲載されておらず，近似的に $\sin11°\ 00'\ 00''$ として考えるとよい。

$H_{B_1} = 9.90 + 1000 \times \underline{0.19081} + K$

$\quad = 200.71 + K$ $\llcorner\ \sin11°\ 00'\ 05'' ≒ \sin11°\ 00'\ 00'' = 0.19081$

新点Bに器械を設置した場合

$\sin\alpha_B = \dfrac{h_B}{D}$

$h_B = D\sin\alpha_B$

$H_{B_2} = H_A + f_A + h_B - i_B - K$

$\quad = 10.00 + 1.500 + 1000\sin10°\ 59'\ 55'' - 1.600 - K$

ここで，$\sin10°\ 59'\ 55''$ は関数表に掲載されておらず，近似的に $\sin11°\ 00'\ 00''$ として考えるとよい。

$H_{B_2} = 9.90 + 1000 \times 0.19081 - K$

$\quad = 200.71 - K$

$H_B = \dfrac{H_{B_1} + H_{B_2}}{2} = \dfrac{200.71 + K + 200.71 - K}{2}$

$\quad = 200.71\,[\mathrm{m}]$

〈参考〉

両差（K）の補正は，既知点から新点への観測では，K の補正の符号は（＋）となり，新点から既

知点への観測では，K の補正の符号は（−）となる。

したがって，3 が正解である。

〔No. 8〕

■正解■　2

■解説■

a について

　準天頂衛星システム（Quasi-Zenith Satellite System：QZSS）は，日本の衛星測位システムである。

　QZSS は，日本および東南アジア，オセアニア地域向けに利用可能とする航法衛星システムである。

　また，その軌道は，日本上空からオーストラリア上空を通る準天頂軌道（非対称 8 の字軌道）であり，準天頂衛星からの信号と GPS 衛星からの信号を組み合わせることで，測定できる場所や時間帯を，複数の GNSS の統合運用と同等程度に広げることができる。

　したがって，準天頂衛星は GPS 衛星と同等の衛星として扱うことができる。

b について

　大気の上層にあって，太陽からの紫外線や X 線によって電離した状態になっている領域を電離層と呼んでいるが，GNSS 衛星の電波がそこを通過するとき，電離層によって電波が反射，屈折され，地上までの到達時間が遅くなる。このために生じる誤差を電離層遅延誤差と呼んでいる。この電離層遅延誤差は，周波数に依存するため，2 周波（L_1 帯，L_2 帯）の観測によって，電離層の影響による誤差を軽減することができる。

c について

　軌道情報とは，GNSS 衛星の任意の瞬間の位置を計算するためのデータのことであり，基線解析を実施する際には，この軌道情報が必要である。

d について

　電子基準点のみを既知点とした 2 級基準点測量において，基線解析の固定点の緯度および経度は，成果表の値またはセミ・ダイナミック補正を行った値のいずれかとする。

　セミ・ダイナミック補正は，プレート運動に伴う定常的な地殻変動による基準点間のひずみの影響を補正するため，国土地理院が電子基準点などの観測データから算出し提供している地殻変動補正パラメータを用いて，基準点測量で得られた測量結果を補正し，測地成果 2011（国家座標）の基準日における測量成果を求めるものである。

　したがって，ア〜エに入る語句の組合せとして最も適当なものは 2 である。

〔No. 9〕

■正解■　2

■解説■

　空間に 2 つの点 $P_1(x_1, y_1, z_1)$，$P_2(x_2, y_2, z_2)$ が与えられた場合，これらの 2 点間の距離は下式

で求められる。

$$\overline{P_1P_2}=\sqrt{(x_2-x_1)^2+(y_2-y_1)^2+(z_2-z_1)^2}$$

基準点 A を 3 次元座標の原点とし，理解しやすいように，図6のように図化してみる。

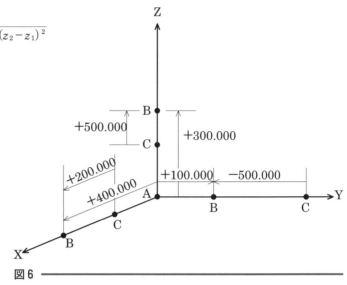

A → C 区間の $\varDelta X$, $\varDelta Y$, $\varDelta Z$ を基準点 C の座標値と考えると

$$\varDelta X=400.000-200.000$$
$$=200.000[\mathrm{m}]$$
$$\varDelta Y=100.000-(-500.000)$$
$$=600.000[\mathrm{m}]$$
$$\varDelta Z=300.000-500.000$$
$$=-200.000[\mathrm{m}]$$

図6

本問において，斜距離を求めることは，いいかえると2点A，C間の距離を求めることである。

$$\overline{AC}=\sqrt{(\varDelta X)^2+(\varDelta Y)^2+(\varDelta Z)^2}$$
$$=\sqrt{200.000^2+600.000^2+(-200.000)^2}$$
$$=\sqrt{440000}$$
$$=\sqrt{44\times10000}$$
$$=100\sqrt{44}$$
$$=100\times6.633249$$
$$=663.325[\mathrm{m}]$$

したがって2が正解である。

〔No. 10〕

■正解■　2

■解説■

a について

　1級水準測量においては，三脚の沈下による誤差を軽減するため，標尺を後視，前視，前視，後視の順に読み取る。したがって，本問の記述は誤りである。

b について

　1級水準測量においては，観測の開始時，終了時および固定点到達時ごとに，気温を1度単位で測定するものとする。したがって，本問の記述は正しい。

c について

　自動レベル，電子レベルは，円形水準器および視準線の点検調整並びにコンペンセータの点検を行うものとする。したがって，本問の記述は正しい。

d について

　機器の調整不備による観測誤差を除くために，作業者が観測着手前および観測期間中少なくとも，10日ごとに点検および調整を行い，その結果をその都度観測手簿に記録しておく。したがって，本問の記述は正しい。

e について

　新点の標高を求めるために必要な諸要素の計算（既知点の標高，観測値，補正値等を用いて行う補正計算および平均計算等）を行い，成果等を作成する一連の作業を計算というが，1級水準測量においては，正規正標高補正計算（楕円補正）に代えて正標高補正計算（実測の重力値による補正）を用いることができる。また，この際，気圧は補正計算には関与しない。したがって，本問の記述は誤りである。

　よって，明らかに間違っているものだけの組合せは 2 である。

〔No. 11〕
■正解■　1
■解説■
a について

　レベルと標尺の間隔が等距離になるように整置して観測することで，視準線誤差を消去できる。

b について

　レベルの鉛直軸の傾きによる誤差（鉛直軸誤差といい，気泡管軸と鉛直軸が直交しないために生じる誤差をいう）は，本問の記述のとおりに設置することにより軽減できる（図7参照）。

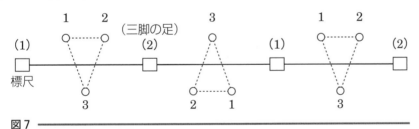

図7

c について

　零点誤差は，標尺の底面が摩耗や変形している場合，標尺の零目盛が正しく0でないために生じる誤差で，測点数を偶数（言い換えると，出発点に立てた標尺が到着点に立つようにする）とすることで，誤差を消去できる。

d について

　光は空気密度の高い方向（地表の方向）に屈折する。この光の屈折による誤差を小さくするには，レベルと標尺の距離を短くして，標尺下部の目盛を読まないようにすることで誤差を軽減することができる。1級水準測量においては，標尺の下方20cm以下を読定しないと決められている。したがって，ア〜エに入る語句または数値の組合せとして最も適当なものは1である。

〔No. 12〕

■**正解**■　1

■**解説**■

図8において，標尺の正しい読みをlとすると

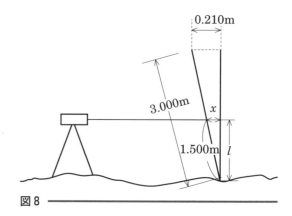

図8

$$1.500 : x = 3.000 : 0.210$$

$$3.000x = 1.500 \times 0.210$$

$$x = 0.105$$

$$1.500^2 = x^2 + l^2$$

$$l^2 = 1.500^2 - x^2$$

$$= 1.500^2 - 0.105^2$$

$$= 2.239$$

$$l = \sqrt{2.239} = 1.496 [\text{m}]$$

したがって，標尺の傾きによる誤差（Δl）は

$$\Delta l = 1.500 - 1.496$$

$$= 0.004 [\text{m}]$$

$$= 4 [\text{mm}]$$

よって，正解の最も近いものは1である。

〔No. 13〕

■**正解**■　3

■**解説**■

まず各区間の往復観測値の較差と，較差の許容範囲の値を比較検討してみる。

1．水準点A〜固定点1区間

往復観測値の誤差 $= |+5.3281 + (-5.3285)| = 0.0004 [\text{m}] = 0.4 [\text{mm}]$

較差の許容範囲　$= 2.5\sqrt{0.25} = 1.25 [\text{mm}]$ →いずれの区間も同じ

往復観測値の較差＜較差の許容範囲 → O.K

2．固定点1〜固定点2区間

往復観測値の較差 $= |+5.9640 + (-5.9645)| = 0.0005 [\text{m}] = 0.5 [\text{mm}]$

較差の許容範囲　$= 1.25 [\text{mm}]$

往復観測値の較差＜較差の許容範囲 → O.K

3．固定点2〜固定点3区間

往復観測値の較差 $= |+5.7383 + (-5.7389)| = 0.0006 [\text{m}] = 0.6 [\text{mm}]$

較差の許容範囲　$= 1.25 [\text{mm}]$

往復観測値の較差＜較差の許容範囲 → O.K

4．固定点3〜水準点B区間

往復観測値の較差 $= |+5.0257 + (-5.0269)| = 0.0012 [\text{m}] = 1.2 [\text{mm}]$

較差の許容範囲　＝1.25[mm]

　　　往復観測値の較差＜較差の許容範囲 → O.K

いずれの区間においても，許容範囲内であるが，次に路線全体（水準点A～水準点B）について検討してみる。

　　往復観測値の較差＝0.4＋0.5＋0.6＋1.25＝2.7[mm]

　　較差の許容範囲　＝2.5√0.25×4 ＝2.5[mm]

　路線全体でみると，往復観測値の較差が較差の許容範囲を超えており，この場合には，較差の一番大きな区間，固定点3～水準点4区間を始めに再測すべきである。したがって3が正解である。

〔No. 14〕

■正解■　4

■解説■

　図9において

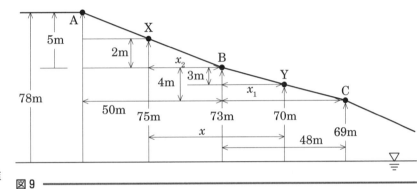

図9

$$48 : 4 = x_1 : 3$$

$$4x_1 = 48 \times 3$$

$$x_1 = 36[\text{m}]$$

$$50 : 5 = x_2 : 2$$

$$x_2 = 20[\text{m}]$$

X，Y間の地上距離 x は

$$x = x_1 + x_2$$

$$= 36 + 20 = 56[\text{m}]$$

したがって，縮尺1/1,000の地形図上の水平距離 x' は

$$x' = 56 \div 1,000 = 0.056[\text{m}] = 5.6[\text{cm}]$$

よって4が正解である。

〔No. 15〕

■正解■　3

■解説■

　図10において，A，B間の距離に比較して，x は微小であり，x をラジアン単位とした場合，Δl は S を半径とする円周の一部と考えてよい。

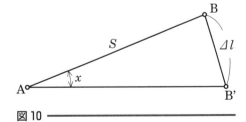

図10

$$\Delta l = Sx$$

$$S = 97\,\text{m} = 97,000[\text{mm}],$$

　　1ラジアン＝$(2 \times 10^5)''$　より

$$1'' = \frac{1}{2 \times 10^5} [\text{ラジアン}]$$

$2'\ 40'' = 160''$ より

$$160'' = \frac{1}{2 \times 10^5} \times 160 [\text{ラジアン}]$$

したがって

$$\Delta l = 97{,}000 \times \frac{1}{2 \times 10^5} \times 160$$

$$= 77.6 [\text{mm}]$$

$$\doteqdot 78 [\text{mm}]$$

よって**3**が正解である。

〔No. 16〕

■**正解**■　3

■**解説**■

　地上レーザ測量とは，パルス式レーザを使用した地上型三次元レーザスキャナを使用し，構造物や地形などの計測対象物の形状を三次元座標の密集した点群データとして取得し，取得された点群データは，計測対象物の形状測定はもちろん，三次元モデルの作成や二次元平面図・立面図・縦横断図等への加工が可能である。

　作業規定の準則の条文に記載されているように，アには三次元，イには位相差，ウには後方が該当する。したがって**3**が正解である。

〔No. 17〕

■**正解**■　5

■**解説**■

　撮像素子は，画素の集合体からできており，撮像素子寸法とは，画素の大きさをいう。

　また，地上画素寸法とは，1画素に対する地上の寸法をいう。

　図11において

$$7 : \text{H}' = 5 \times \underbrace{\frac{1}{1{,}000{,}000} \times 100}_{\text{（単位を cm にする）}} : 20$$

$$\text{H}' = \frac{7 \times 20}{0.0005}$$

$$= 280{,}000 [\text{cm}]$$

$$= 2{,}800 [\text{m}]$$

$$\text{H} = 300 + 2{,}800$$

$$= 3{,}100 [\text{m}]$$

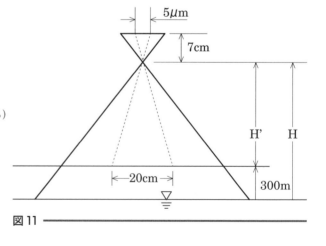

図11

したがって5が正解である。

〔No. 18〕

■正解■　5
■解説■

a について

正射変換とは，数値写真を中心投影から正射投影に変換し，正射投影画像を作成する作業をいうが，正射変換により，空中写真のもつ標高に起因する投影の特性である水平位置のずれを取り除くことができる（図12参照）。

また，正射投影画像は，数値写真を標定し，数値地形モデルを用いて作成するものとする。したがって，本問の記述は正しい。

b について

写真地図は，正射投影された画像で作成された地図であり，一般の地図と同じく，図上で水平距離を計測することができる。

したがって，本問の記述は正しい。

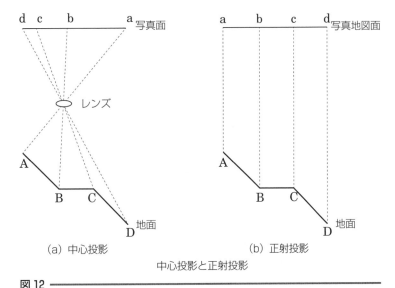

(a) 中心投影　　　(b) 正射投影

中心投影と正射投影

図12

c について

ブレークライン法とは，数値図化により，地形形状が連続的に変化する被覆の上端・下端や地性線等を三次元の線として取得する方法であるが，ブレークライン法を用いて標高を取得する場合，より精度よく標高を取得するために，段差の大きい斜面を選ぶ必要がある。したがって，本問の記述は誤りである。

d について

本問の記述のとおりであり，正しい。

e について

モザイクとは，隣接する写真地図の重複部分を利用して位置合わせと色合わせを行った後，隣接する写真地図を集成することをいう。したがって，本問の記述は誤りである。

よって，明らかに間違っているものだけの組合せは5である。

〔No. 19〕

■正解■　2

■解説■

　UAV（Unmanned Aerial Vehicle）は，無人航空機といわれており，一般にドローンと呼ばれている。

　UAV写真測量は，UAVにデジタルカメラを搭載して地形，地物等を撮影し，その結果を用いて，数値地形図データを作成する作業をいう。

1について

　UAVを飛行させるに当たっては，機器の点検はもちろんのことではあるが，撮影飛行中に機体に異常が見られる場合，落下事故につながり，人的被害をおよぼすおそれがあるので，直ちに撮影飛行を中止する。

　また，他のUAV等の接近が確認された場合には，直ちに撮影飛行を中止しなければならない。したがって，本問の記述は正しい。

2について

　三次元形状復元計算とは，撮影した数値写真および標定点を用いて，数値写真の外部標定要素および数値写真に撮影された地点（特徴点）の位置座標を求め，地形，地物等の三次元形状を復元し，オリジナルデータを作成する作業をいう。

　オリジナルデータとは，三次元点群データおよび数値地形図データをいう。したがって，本問の記述は誤りである。

3について

　検証点は，三次元データに付与した座標の精度を確認するために用いる点であり，検証点は標定点からできるだけ離れた場所に，作業地域内に均等に配置する。したがって，本問の記述は正しい。

4について

　UAV写真点群測量とは，UAVにより地形，地物等を撮影し，その数値写真を用いて，オリジナルデータ等の三次元点群データを作成する作業をいい，UAV写真点群測量は，裸地などの対象物の認識が可能な区域に適用することが標準である。したがって，本問の記述は正しい。

5について

　キャリブレーションとは，公共測量に対応するため，カメラのレンズの焦点距離や中心位置のズレの歪みなどを正確に把握して補正係数を割り出し，測量用に調整することをいう。

　従来のカメラキャリブレーションは専用の機器や設備を必要としたが，ソフトウェアを使用したセルフキャリブレーションを標準とすることで，各解析ソフトウェアの三次元形状復元計算が使用できるようになった。したがって，本問の記述は正しい。

　よって，明らかに間違っているものは2である。

〔No. 20〕

■**正解**■　2

■**解説**■

1について

　オリジナルデータとは，調整用基準点等を用いて三次元計測データの点検調整を行った標高データをいい，グラウンドデータとは，オリジナルデータから地表遮へい物部分の計測データを除去した（フィルタリングという）標高データをいう。したがって，本間の記述は正しい。

2について

　航空レーザ測量では，天候条件として，風速が20ノット（約10 m/s）を超えず，降雨や降雪，あるいは濃霧などがなく，曇天であっても雲が航空機より上空にある場合には，計測は可能であるが，航空機と地表の間に雲があると計測は不可能である。したがって，本間の記述は誤りである。

3，4について

　本間の記述のとおりであり正しい。

5について

　航空レーザ用数値写真は，空中から地表を撮影した画像データで，フィルタリングおよび点検のために取得するものであるが，航空レーザ用数値写真は，航空レーザ計測と同時期に撮影することを標準とする。したがって，本間の記述は正しい。

　よって，明らかに間違っているものは2である。

〔No. 21〕

■**正解**■　3

■**解説**■

　自然災害伝承碑（𖠿）は，地震，津波，洪水，噴火といった大規模な自然災害の状況や教訓を後世に伝え残すために作られた災害碑，慰霊碑，記念碑等の碑やモニュメントであり，2019年に定められた新しい地図記号である。

　自然災害伝承碑（𖠿），裁判所（⚖），税務署（◇）の位置を確認する。

　図13において

$$6.0 : 1.0 = 20 : X'$$

$$X' = \frac{1.0 \times 20}{6.0} = 3.3$$

$$4.2 : 1.4 = 17 : Y'$$

$$Y' = \frac{1.4 \times 17}{4.2} = 5.7$$

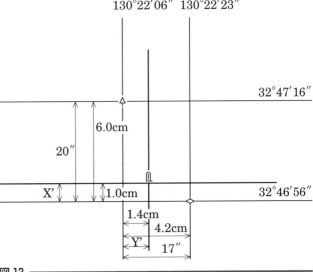

図13

したがって，自然災害伝承碑の経緯度は

緯度 $= 32° \ 46′ \ 56″ + X'$

$\qquad = 32° \ 46′ \ 56″ + 3.3″$

$\qquad ≒ 32° \ 46′ \ 59″$

経度 $= 130° \ 22′ \ 06″ + Y'$

$\qquad = 130° \ 22′ \ 06″ + 5.7″$

$\qquad ≒ 130° \ 22′ \ 12″$

よって，自然災害伝承碑の経緯度で最も近いものは 3 である。

〔No. 22〕

■正解■　5

■解説■

a，b，c について

　いずれも本問の記述のとおりであり正しい。

d について

　ユニバーサル横メルカトル図法（UTM 図法）は，北緯 84° から南緯 80° の間の地域を経度差 6° ずつの範囲に分割して投影している。したがって，本問の記述は誤りである。

e について

　平面直角座標系に用いることが定められている地図投影法は，正角横円筒図法のガウス・クリューゲル図法を用いている。したがって，本問の記述は誤りである。

　よって，明らかに間違っているものだけの組合せは 5 である。

〔No. 23〕

■正解■　1

■解説■

1 について

　地図編集においては，編集の基となる地図の縮尺は，編集する地図の縮尺より大きく，編集する地図の縮尺に近く，最新のものを採用する。したがって，本問の記述は誤りである。

2〜5 について

　いずれも本問の記述のとおりである。

　したがって，明らかに間違っているものは 1 である。

〔No. 24〕

■正解■　5

■解説■

　GIS では，複数の地理空間情報について，レイヤ（画層ともいう）ごとに分けて重ね合わせ，位置
　　　　　　　　　　　　　　　　　　　　　　　　　　　　（ア）

情報（緯度・経度・座標など）をもとにして，関連づけることができる。

座標値を持った点または点列によって線や面を表現する図形データを<u>ベクタデータ</u>という。
_(イ)

GIS の応用分野は幅広く，地表の樹木や地物の高さを含まない地図データ<u>（数値地形モデル：</u>
<u>DTM）</u>を使い山地斜面の傾斜を求め，土砂災害が発生しやすい箇所を推定することもできる。
_(ウ)

したがって，ア〜ウに入る語句の組合せとして最も適当なものは5である。

〔No. 25〕

■正解■　2

■解説■

図 14 において

$$\gamma = 180° - \alpha = 180° - 170°$$

$$= 10°$$

$$\delta = 180° - \beta = 180° - 110°$$

$$= 70°$$

交角 I は

$$I = \gamma + \delta = 10° + 70°$$

$$= 80°$$

したがって，路線長 CL は

$$CL = \frac{\pi R I}{180°} = \frac{3.14 \times 300 \times 80}{180} = 418.7$$

$$\fallingdotseq 419 [\text{m}]$$

よって，2 が正解である。

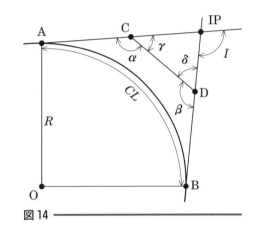
図 14

〔No. 26〕

■正解■　3

■解説■

1について

本問の記述のとおりであり，計画調査においてはその間隔は100mまたは50mとし，実施設計においては20mを標準とする。

2について

本問の記述のとおりであり，仮BM設置測量は，平地においては3級水準測量により行い，山地においては，4級水準測量により行うものとする。

3について

縦断測量とは，本問の記述のとおりであるが，縦断面図データファイルを図紙に出力する場合は，縦断面図の距離を表す横の縮尺は線形地形図の縮尺と同一とし，高さを表す縦の縮尺は，線形地形図の縮尺の5倍から10倍までを標準とする。したがって，本問の記述は誤りである。

4，5について

本問の記述のとおりであり正しい。

〔No. 27〕

■正解■　2

■解説■

図 15 において，距離だけを考えてみると

$\overline{RB} = X_B - X_C = 5.000 - (-21.000)$

$= 26.000$

$\overline{CR} = Y_C - Y_A = 16.000 - (-10.000)$

$= 26.000$

　　ここで X_B，X_C は，境界点 B，C の X 座標値

　　　　　　Y_A，Y_C は，境界点 A，C の Y 座標値

したがって，△RBC は，$\overline{RB} = \overline{CR}$ の直角二等辺三角形である。

　また，△RBC と △SBQ は相似となるので，

$\overline{SB} = \overline{SQ} = 2.000$

　次に P，Q の X，Y 座標を求める。

$P_X = A_X = -25.000$

$P_Y = A_Y + 2.000 = -10.000 + 2.000 = -8.000$

$Q_X = B_X - 2.000 = 5.000 - 2.000 = 3.000$

$Q_Y = P_Y = -8.000$

四角形 PQCD の面積を S とすると，図 16 より

$-25.000 \times (-8.000 - 15.000) = 575.000$

$3.000 \times \{16.000 - (-8.000)\} = 72.000$

$-21.000 \times \{15.000 - (-8.000)\} = -483.000$

$-25.000 \times \{-8.000 - 16.000\} = 600.000$

$S = \dfrac{1}{2}|575.000 + 72.000 + (-483.000) + 600.000|$

$= 382.000 [\mathrm{m}^2]$

よって，2 が正解である。

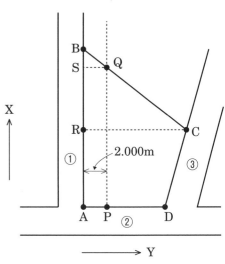

図 15

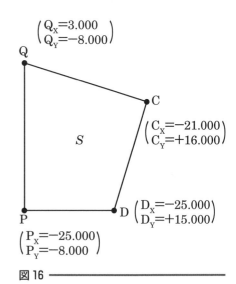

図 16

〔No. 28〕

■正解■　1

■解説■

1について

　距離標設置測量とは，河心線の接線に対して直角方向の両岸の堤防法肩または法面等に距離標を設置する作業をいう。したがって，本問の記述は誤りである。

2について

　水準基標は，河川水系の高さの基準を統一するため，河川の両岸の適当な位置に設けられるもので，水準基標測量は，定期縦断測量の基準となる水準基標の標高を定める作業をいい，本問の記述のとおりである。

3について

　定期縦断測量は，定期的に左右両岸の距離標の標高ならびに堤防の変化点の地盤および主要な構造物について，距離標からの距離および標高を測定するものであり，本問の記述のとおりである。

4について

　定期横断測量は，定期的に河床の変化を調査するもので，本問の記述のとおりである。

5について

　本問の記述のとおりである。なお，ロッド，レッドについては，下の囲みと図17を参照。

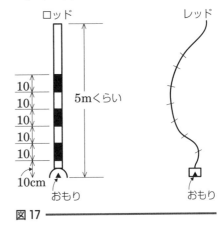

| ロッド（測深かん）
　長さ5m位，10cmずつ赤白にぬりわけ，1mごとに印をつけ，下端は鉄あるいは，鉄のくつをつけておもりとし，河底の土砂中に入らないようにしている。

レッド（測深すい）
　ワイヤー，またはロープ（径1.0～1.5cm位，ナイロン，ビニロン等）の先に3～5kgの鉛のおもりをつけたもので，20～30cmごとに目盛を施している。水中におろしていくと，河底についたことが手に感じられるので，たるまないようにしてその長さを読みとる。 |

図17